創業缺錢又何妨
沒有手段才是真絕望

白手起家69招，從致富故事學道理
誰說窮人沒資格賺大錢！

喬友乾 著

有野心、有想法，何必屈就~~~~規定的路；
搞創業、玩投資，財富自~~~~的方法很多！

創業名人故事＋理財高手心法＝69種非典型成功
你有多敢，荷包就有多滿！

目錄

前言
億萬總裁的創業故事

我的第一桶金

目錄

我的理財觀

知識創業

白手起家

不普通的管理

目錄

頭腦決定財富

勇氣鑄造夢想

現代社會最佳理財組合

目錄

前言

　　故事裡的事，說是故事，是也不是。所謂故事，過往之事也。歲月的車輪輾過，沉澱風化，以歷史的方式留存故事；三十年河東，三十年河西，啟迪智慧的哲理故事隨之而生；芸芸眾生，紅塵滾滾，總有一些事情讓我們永遠感動；日出而作，日落而息，有一些經驗和事蹟總能讓財富增加高度。一個故事就是一次轉機，一個故事就是一種人生，故事的寓意往往引發人們許多思考，同樣的故事，不同的人會有不同的感悟或覺醒。

　　故事的說與聽就像品嘗一杯美酒 —— 芬芳濃郁而耐人尋味；味美純正而醉人心脾。故事折射人生百態，引導我們感悟生命的華彩樂章，給予我們智慧和啟迪。

　　本書告訴我們：不要羨慕成功者的財富，真正要羨慕的是使他們擁有財富的特質。因為，外在的貧窮是一時的貧窮，人格特質的貧窮才是一生的貧窮。

　　在渴望財富、渴望成功的滾滾人潮中，有一些人似乎天賦異稟，他們傲視群雄，風雷不驚，如履平地般攀上了財富之巔。他們的創業精神已經成為創業者的財富榜樣；他們的創業故事更因為具有可模仿性、可借鑑性，而成為普通人致富的啟蒙教材。本書講述的財富故事，與一般冗長的人物傳記大有不同。書中的每一個主角、每一篇文章都有不同的主題，或創業

前言

手段，或管理模式，或理財觀念，或行銷技巧……一篇篇引人入勝的故事，一個個鮮活的實例，把人生、事業、財富緊密連繫在一起，讓讀者喜歡看、容易懂，在潛移默化中接受新想法、新觀念。

億萬總裁的創業故事

總裁們擁有億萬的財富，他們的創業故事無時無刻不在提醒著我們：一個人由窮至富的主導權就在自己手中。外在的貧窮是一時的貧窮，人格特質的貧窮才是一世的貧窮。所以，不要羨慕他們的財富，真正要羨慕的是使他們擁有財富的特質。

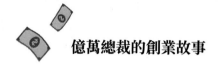
希爾頓的聚財經營

> 希爾頓詢問員工：「你認為還需要添購什麼？」員工們回答不出來，顯然是覺得設備已經很完善了。他笑了，說：「還要有一流的微笑！如果是我，空有一流的設施，卻沒有一流的微笑，我寧願去住那種雖然地毯陳舊了點，卻處處可以享受到微笑的旅館。

西元 1887 年的聖誕之夜，康拉德‧希爾頓（Conrad Hilton）出生在美國新墨西哥州聖安東尼奧的一個挪威移民家庭。希爾頓上中學的時候，每放暑假便到父親的小雜貨店裡幫忙，他對做生意、接待顧客特別感興趣。他從新墨西哥州礦冶學院畢業後，父親把小店交給了他。希爾頓把小店經營得有聲有色。

1919 年 1 月，希爾頓的父親車禍去世。他安葬了父親，處理掉小店，決定要做點大事。母親鼓勵他離開小鎮，到世界上更寬闊的地方去闖蕩。

希爾頓帶著 5,000 美元，隻身來到了德克薩斯州，他做了一項投資，果斷買下了他的第一家旅館 —— 莫布里旅館。

他苦心經營。很快，他的旅館資產達到了 5,100 萬美元。他欣喜而自豪的將這個成果告訴了母親。

希爾頓的母親聽完後，淡然的說：「依我看，你跟從前

沒有兩樣，不同的只是你把領帶弄髒了一些而已。要想成大事，你必須掌握住比 5,100 萬美元更值錢的東西。」

「那是什麼？」

「除了對顧客誠實以外，還要想方設法讓每一個住進你旅館的人，住了還想再來住。你要想出一種簡單、容易、不花本錢又能長久行之的辦法去吸引顧客，這樣你的旅館才有前途。」

母親的話很簡單，卻讓希爾頓苦苦思索。

究竟有什麼辦法能讓顧客還想再來住呢？

簡單、容易、不花本錢又能長久行之的法寶應該具備什麼樣的條件呢？

希爾頓冥思苦想後，終於想到，那就是微笑。只有微笑才能發揮這麼大的影響力。

第二天，希爾頓上班後的第一項工作，便是把所有員工找來，向他們灌輸自己的經營理念：「微笑 —— 記住囉。我今後檢查你們工作的唯一標準是，你今天對客人微笑了嗎？」

他又對旅館進行了一番裝修改造，增強了接待旅客的能力。依靠「你今天對客人微笑了嗎？」的座右銘，莫布里旅館很快就聲名遠播。

希爾頓又產生了新的創業衝動：要建造一座擁有「一流

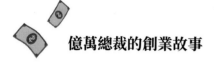

設施」、以他自己名字命名的大飯店 —— 希爾頓酒店。

1925 年 8 月 4 日,「達拉斯希爾頓酒店」竣工。

「一流設施,一流微笑」,希爾頓的創業之路越走越遠。

1929 年,艾爾帕索希爾頓酒店完工。就在這時,美國歷史上規模重大的一次經濟危機爆發了。很快的,全美的旅館酒店業有 80% 倒閉,希爾頓旅館集團也深陷困境。

如何戰勝危機、度過難關?

「微笑還管用嗎?」有人問。

希爾頓仍然依靠他那「你今天對客人微笑了嗎?」的座右銘。他信心堅定的奔赴各地,鼓舞員工打起精神,共度難關,即使是借貸度日,也要堅持以「一流微笑」來服務旅客、贏得旅客。他不厭其煩向他的員工們鄭重呼籲:千萬不可把心中的愁雲擺在臉上,無論面對何種困難,「希爾頓」服務員臉上的微笑永遠屬於旅客!

希爾頓的座右銘變成了每一個希爾頓人的座右銘。希爾頓酒店服務人員始終以其永恆美好的一流微笑,感動著來自四面八方的賓客。希爾頓順利度過了 1933 年最困難的難關,逐步進入黃金時期。他很快又買下了艾爾帕索的「北山旅館」和朗浮城的葛萊格旅館,並添購了許多一流設施。

「一流設施,一流微笑」支撐著希爾頓的事業蒸蒸日上。

1950 年代,希爾頓已不滿足於僅僅在美國本土創業。

他開始在全世界營造自己的「旅館帝國」。馬德里、墨西哥城、蒙特婁、柏林、羅馬、倫敦、開羅、巴格達、哈瓦那、曼谷、雅典、香港、馬尼拉、東京、新加坡……希爾頓酒店相繼開業。截至 1970 年代末，希爾頓在全世界大都市所擁有的飯店，已有近百家。

西元 1979 年，92 歲的世界「飯店帝王」、擁有數十億美元資產的康拉德·希爾頓離開了人世，留下了遍布世界的「一流設施，一流微笑」的希爾頓酒店。

何恩培的 IT 成功之路

> 堅持、忍耐、寬容、細心、有人情味，這些並不深奧，
> 但真正做到是很不容易的。何恩培厲害就厲害在這裡：
> 別人不一定能做到的，他做到了，所以他獲得了成功。

西元 1969 年 7 月，何恩培出生於四川大竹，1988 年考進華中理工大學，主修固體電子學，1992 年被保送續讀碩士。然而，令人想不到的是，被保送進研究所後沒幾天，何恩培就帶著幾個同學承包了著名的電子街上的武漢高科公司系統工程部，開發電腦印章系統、電腦免疫系統。他的第一筆投資是 1,000 元，是跟父母借的。

那時的校園還沒興起「創業潮」，一切活動都是瞞著學

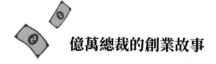

校做的。一段時間後，生意開始盈利了，他們又將利潤投入資金，生意越做越好。一年多後，他們共賺了 23 萬人民幣。

　　1995 年，碩士畢業時，學校決定保送何恩培去日本讀博士，但何恩培婉拒了。他認為所謂的人生智慧，首先表現在抉擇上。研究生畢業後，何恩培先後在深圳華為、珠海南科工作過，剛開始每月薪水人民幣 1,200 元，不夠花，還得向公司借；但他從不向老闆提薪水的事，而是積極為公司解決問題，以工作成果來證明自己的能力和價值。半年後，他就成了公司的高級主管之一，年薪增加到人民幣 80,000 元，公司還分配車子、房子給他。

　　1996 年，他被珠海市評為「珠海市優秀中方幹部」。功成名就之際，他斷然放棄現在擁有的優渥生活。1997 年，為了尋找更大的發展空間，何恩培來到北京的中關村，在一家軟體企業任副總經理。那家公司是個家族企業，老闆認為自己永遠是對的，但他希望能參與決策，這個矛盾無法解決，最終導致了他的離開。

　　正是這種經歷讓何恩培深深體會到，企業領導人一定要勇於承認錯誤，同時要學會包容。

　　一年後，何恩培決定自己創立公司，開始自己的創業之路。1997 年 9 月，何恩培在北京的一個地下室裡，與四個志同道合的人談了整整一夜。當地平線開始泛白的時候，一個

新公司誕生了，這就是北京銘泰軟體開發有限公司。五個人傾其所有，湊了人民幣 15 萬元。他們由此邁出了偉大事業的第一步。

銘泰公司成立後，主要從事研究、開發及銷售，軟體產品包含四大類別，以翻譯軟體為主，其餘則包括資訊安全軟體、網際網路應用軟體及娛樂軟體。1998 年 6 月，何恩培從實達集團引進 600 萬元資金，開發出第一個產品「東方快車」，並將公司更名為實達銘泰（北京）軟體公司。

在「東方快車」出來之前，南京月亮公司在中國翻譯軟體的市場中獨占鰲頭，該公司的「即時漢化專家」在這方面是老大，沒人能與之抗衡。何恩培苦苦思索，怎樣才能讓他的「東方快車」一炮而紅？經過慎重考慮，何恩培決定挑戰《即時漢化專家》的地位。第一步，他採用了「三個一」戰術：集中火力猛攻一個媒體《電腦報》，因為《電腦報》在中國是發行量最大的科技業報紙；集中精力占領一個城市，即北京，北京作為中國科技業大本營，軟體銷售量占全國一半以上；經營好一個代理商，即「聯邦」，因為「聯邦」是軟體銷售的主要管道，占整個中國軟體銷售的 40% 左右。與此同時，他還參加各種科技博覽會，並讓消費者當場感受、免費使用自己的產品。

「東方快車」的銷售趨勢越來越好，並衝上了銷售排行

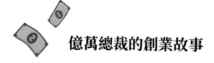

榜第一。恰在這時，中國遇到了 1998 年的特大洪水災害。何恩培決定辦一場「洪水無情人有情」軟體義賣活動：凡是在中國紅十字會捐款人民幣 10 元以上的人，憑捐款單都可以用 48 元買到一套原價人民幣 160 元的「東方快車」軟體，比《即時漢化專家》還便宜 10 元。這樣既達成了援助災區的目的，又給了消費者優惠。

「東方快車」知名度大升，一舉成為中國翻譯工具軟體市場的首選品牌。

任何事情都不是一帆風順的，1999 年，何恩培遇到了一次重大的失敗 ── 「soyou 網」的經營失敗。這個在網際網路第一輪投資浪潮中興起而又破滅的夢幻，讓何恩培感到可惜。

遭遇失敗的何恩培並沒有一蹶不振。憑藉著在翻譯軟體方面的專業知識及資源優勢，自覺在個人軟體領域已經做到了頂峰的何恩培，於 2002 年 4 月從上海交大引入 1,000 多萬元，將公司再次更名為交大銘泰（北京）軟體公司。2004 年 1 月 9 日，何恩培以優良的業績使交大銘泰在香港創業板上市。隨後又更名為交大銘泰（北京）信息技術公司。

對於未來，何恩培說要立志使交大銘泰成為翻譯業的 Lenovo 和戴爾，到 2008 年做到銷售額人民幣 10 億元。他說：「我最大的成就感就是帶領別人前往成功。我不希望是做一件

具體的事情而成功，而是希望我能幫助他們搭建舞臺，協助他們成功。」

像狼一樣勇於冒險的張思民

> 海爾集團總裁張瑞敏說：「與狼共舞，首先要把自己變成狼。」張思民就是一匹野心十足的狼，「險」和「大」正是他追求的目標。

西元 1988 年 11 月，張思民帶著美麗的夢想，與妻子離開了北京，離開了剛剛建好的小家。

他的夢想來自古希臘神話。這一夢想又給予了他什麼呢？

海神波賽頓主宰著大洋百川。他用他的三叉戟將一座海山輕輕托出海面，海山化為一座美麗的小島。

敢想敢做的張思民也要在深圳這個改革的大洋百川中托起一座海山，那就是他夢中構築的海王集團。

用他自己的話說，他在深圳中信投資部工作半年，是為了感受特區氣息，適應特區。

有一天，一個手拿著海洋開發科技專案的人來到了中信公司深圳分公司，聲稱海洋開發是一個新興的領域，只要稍作投資便大有獲益。財大氣粗的中信也許正忙於更大的買賣

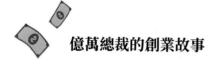

而無暇顧及，或許是覺得這個專案太小而不值得花多大的工夫，便拒絕了來人的要求。

張思民在一旁暗暗著急，他堅信這是一個大有可為的專案，雖然海洋開發當時在中國剛剛起步，但卻有著無限的潛力，這是一個千載難逢的機會。

這個專案就是日後聞名中國的海洋滋補保健品，也就是海王集團代表性產品的金牡蠣。他思慮再三，決定脫離中信公司出來創業，他邀了幾個志同道合的朋友，成立了深珠海洋滋補保健食品工貿公司，與珠海的一家公司合作，開始了金牡蠣的研發工作。

1989 年 5 月，27 歲的張思民鄭重向中信投資部遞了辭呈，同年 7 月 8 日，屬於他自己的深圳工貿公司（海王集團前身）宣告成立。他以個人僅有的人民幣 3,000 元積蓄做了投資，開始邁出商海生涯的第一步。

他的工廠就設在深圳南山區一個偏僻的荒山上，全部的員工都住在山下的一個招待所裡。這裡與其說是一個工廠，倒不如說是一個「家庭作坊」，初期沒有工人，連「董事長」、「總經理」與家屬在內，一共只有 7 個人，每個人都是身兼數職。張思民任總經理，既要負責管理、科學研究、生產、行銷等工作，也要負責人事、後勤等事務，甚至還要做些煮飯、洗碗、打掃環境之類的工作。司機一人既兼運

輸、採購、接待，還兼傳達、勤務等工作。每天，張思民就帶著手下的一批人馬，手提釘錘來到海邊，向漁民收購牡蠣，然後用釘錘將牡蠣殼敲碎，取出肉漂洗乾淨，帶回工廠提煉加工。

正當金牡蠣的產品試作按部就班進行之際，一個突然的變故差點斷送了張思民的前程。原和深珠公司合作開發金牡蠣的那家珠海公司突然決定，撤走其全部資金和技術人員，另行開發新產品。

這對躊躇滿志的張思民來說無異於晴天霹靂。試作眼看就要成功，機器已組裝完一半，所投入的資金又全都是貸款，要是公司夭折，張思民就算賠上身家性命也還不清。

張思民急忙打電話給北京的公司副總裁岳海濤商議對策，要他趕到青島求援，青島是中國海洋研究領域的一個重要基地，在海洋開發方面居中國前列。

岳海濤曾在《北京週報》任總編輯室副主任，他是張思民這一群人中年齡最大的一個，已年過四十，多年的記者生涯，使他成為公關方面的專家。岳海濤趕到青島中國海洋研究所，要求他們派出科學研究人員，幫助深珠公司研發出金牡蠣。

回憶這段艱難的日子，岳海濤至今仍有頗多感慨。他開玩笑道：「那情景就像 1960 年代，蘇聯一下子把專家、資金撤走，留下一個爛攤子，讓你上不得，下不得。以前我們每

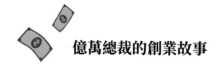

天工作十七八個小時，累是累，但心裡很甜。那段等待的時間也是每天十七八個小時，沒工作，睡也睡不著，只好一支接一支的抽菸，嘴巴都抽苦了，心裡還是覺得渺茫。」

一個月以後，青島海洋研究所的科學研究人員來到了深圳，金牡蠣研發工作繼續進行，半年後，第一批產品試作成功，比退出深珠公司後也一直在研製金牡蠣的那家珠海公司整整快了 3 個月。

隨著金牡蠣的研發成功，張思民把他的公司正式更名為海王藥業有限公司，第一年銷售額就突破 1,000 萬元。公司逐漸向集團化成長，張思民既擔任總經理也擔任董事長，二職合稱為總裁。張思民當初創業是艱辛的，承受的苦來自物質和精神上的雙重壓力，但他成功抓住了幾個關鍵的轉折機會，最終化風險為效益。

吳一堅在苦難中奮鬥

> 苦難能使人學到有用的東西，得到真正的鍛鍊，人往往在越困難的時候意志更堅強，奮鬥的目標也更清晰。吳一堅把苦難當作自己前進的動力。

吳一堅，西元 1960 年 12 月 10 日出生在西安紡織城職員醫院。剛滿月就被接到山西省永濟縣西太平村，由奶奶撫

養。奶奶家在他心中留下的印象是石榴樹下拴著的一隻母羊，奶奶叫牠「羊媽媽」。他只要一看見那隻羊，便高興的喊「羊媽媽」，他就是喝羊奶長大的。

滿 3 歲時，他又被送回西安父母的身邊。他再次回到老家是 1967 年的暑假，他爺爺因為地主的身分，已被批鬥折磨致死。即使當時天氣炎熱，他卻感受到陣陣刺骨的寒意。

然而，家庭的變故並沒有終止，接著他的父親 —— 西安市湧橋區的一名普通中階主管也受到波及，因為莫須有的罪名被關了起來。

他的父親被關在一間小黑屋裡，門口有人站崗守衛，好像一座臨時監獄。年幼的吳一堅尾隨著母親去探望，母親揣著一個大籃子，裡面裝著香噴噴、令人發饞的花捲和一雙鞋子，鞋子被退了出來，說是用不到，而花捲則被留在小黑屋裡。

這些童年的苦難經歷，使吳一堅時時刻刻為親人、為他人牽腸掛肚，正是這一連串的潛意識，構成了他的「平民情結」。

誰都不願意去面對苦難，吳一堅如何以苦為樂呢？

吳一堅當過兵，做過工廠裡的工人。1984 年，他毅然辭去西安一家工廠的工作，帶著 600 元人民幣，隻身到廣州打拚。1985 年離開廣州，又來到海南發展，成為在海南開船的

水手之一。

　　經過詳細的調查後，他開始著手籌建一座大型的電子工廠。當時，很多人無法想像他和助手們要怎麼去做一件讓政府都注意到的大事：成立一家年產 20 萬臺電視的公司。在一般人看來，這是天方夜譚，當時中國的國營企業年產量也不過才 20 萬臺電視，而吳一堅這個 24 歲的年輕人想做這麼大的工程，被認為不是騙子就是腦袋有毛病。

　　然而，這正是吳一堅與他人不同之處。他看見了當時整個中國市場電視需求量大、以及海南省經濟正在起步的特點。他認為，一個人要善於了解周圍的一切，才能有效利用周圍的一切有利要素，用 100 元去賺 1 元，是賺錢，用 1 元去賺 100 元也是賺錢，但這兩種賺錢的內涵是截然不同的。經營，就要講求最快的速度、最小的成本，才能換來高效率與高報酬。於是，他以「經營 25 年之後，廠房設備拱手讓出」的方式買地，又以「預交 3% 品質保證金」的方式，將廠房建設工程承包出去，再以「開始生產後，80% 的電子元件由對方供給」的承諾，說服香港的一家公司投資。

　　為了聯絡全國各大電子經銷商，他親自出馬，幾乎一天 24 小時都在四處奔走談判，午餐就買一瓶汽水、一塊麵包了事。到了晚上，商店已經關門，他就只好餓著肚子，常常餓到受不了，只好拚命喝水。有幾次，皮鞋已經裂了，但因為

時間倉促，他用鞋帶一綁，竟又將就穿了一個星期。

上帝垂青於堅忍不拔的人，全國各大電子經銷企業被吳一堅的真誠和執著所感動，紛紛付清預訂款，提前預訂 10 個月以後的產品，求人的事就這樣變成了被人求的事。

對外的事項處理完畢以後，吳一堅又一頭栽進了工地。薪水無法及時支付時，工人們罷工，他一個個去解釋，把自己身上所有的錢分給工人。自己身上沒錢了，沒辦法吃飯，他只好每天煮點稀飯，連續十多天沒吃菜，工人們知道後，許多人流下了感動的眼淚。吳一堅的真誠，使工人們與他同甘苦、共患難，終於以超乎尋常的速度蓋好了一座大型工廠。

有一年春節前，工廠的一大批貨交付出去後，對方未能依照合約及時結算，而公司的員工們全都需要拿錢回家過年。吳一堅為了讓員工們能過好年，拿出自己所有的存款，又向朋友借，及時將薪水發給員工。

臘月二十七日，職員們都已經走了，他卻還不能回去，愛人的電報、電話一個接一個：「結婚六天後你就去了廣州，孩子出生時你又在海南，女人一生中最需要男人的兩個時刻，你都去忙事業了，過年又不回來，我們怎麼向父母交代。」

聽完了妻子在電話中的訴苦，再堅強的男兒也無法不流淚。吳一堅強忍著淚水安慰妻子和孩子，放下電話，從來不

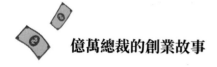

知道什麼叫悲傷的吳一堅，才真正感受到了孤獨和悲傷，他傷心的哭了。孩子的叫喊和妻子的哭聲時時刻刻刺激著他，他真想馬上回到他們的身邊，享受一下輕鬆和安逸，或者讓他們母子二人到海南來，共享全家歡聚之樂。但他無法這麼做，他的身上只剩下 50 元人民幣，這 50 元要撐過 15 天，而他的困難又不能告訴家人，他怕給他們增加不必要的擔憂。為了省錢，他買了一百個饅頭，整整吃了 15 天，放假回來的工人們看到他時，以為他生了病，而他能說什麼呢？只能笑笑。

這樣的磨難讓他得到了什麼呢？

他曾說：「我是從自己的經歷悟出了『苦難是最好的老師』這個道理。苦難能使人學到很多有用的東西，得到真正的鍛鍊。越困難的時候，人的意志往往更堅定，奮鬥的目標也更清晰。有句話說得很有道理，今天的苦難可能就是明日的輝煌，只要你願意努力，總會有所成就。人生的機遇，是在自己的苦苦奮鬥中爭取來的。一個創業者凡是在起步階段，都需要從最簡單的工作做起，甚至連搬運工人也要做。」這也許就是吳一堅能在成千上萬創業者中成為佼佼者的原因吧。

第一批電視就這樣在海南這個炙熱的孤島上生產出來了，耗費的時間只有整整 10 個月。生產線開始運作後，公司資本額由 600 元變成了 3 億元。

　　面對 3 億元的資產，有人只看到吳一堅發了大財，但其中的艱難又有誰知道呢？

兩年成就了一個億萬富翁

> 接手一家瀕臨破產的企業僅僅兩年，便創造價值十億英鎊的財富，賺錢速度之快，創下英國商業史紀錄。創造這個奇蹟的人就是英國 BHS 百貨連鎖店的老闆，被媒體稱為「速成億萬富翁」的菲利普·格林（Philip Green）。在全英富豪榜上，他曾名列第十六位。

　　西元 2000 年 4 月，格林以兩億英鎊的價格買下 BHS（British Home Stores）時，前景並不被看好。當時，BHS 雖在全英有 160 家連鎖店，但銷售額日趨下滑，許多買家都在最後一刻打了退堂鼓。倫敦市內人士對格林的評價一向不高，認為他不過是一個說話很快、辦事莽撞，且不知天高地厚的服裝商人，不會有太大的作為。格林的這一個舉動無疑又成為他們攻擊和嘲笑的話柄。

　　格林十五歲就結束了學業，他甚至沒有一張正式的畢業證書。不過，格林的天性中流淌著冒險家的血液（其父母的工作是經營房地產），而且他的個性也表明，他不甘作一個唯唯諾諾、受人指使的小傭員。格林靠販賣牛仔褲賺取了創

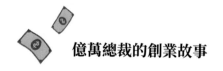

業的第一桶金。從此，商界中闖進了一個莽撞少年。

格林性格直率，甚至可以說粗魯，向來都不拘泥於傳統。從接手 BHS 的第一天起，他就開始尋找 BHS 的病因所在。他的足跡幾乎遍及各個商場的每個角落。幾星期後，心中有數的格林開始實施自己的計畫。首先是減少浪費。他改變了購物袋的印刷方式，對衣架的生產和尺寸說明也採用一種更有效的新方法。雖然每個衣架的生產費用僅降低了一便士，但年銷售成本卻因此節省了四十萬英鎊。

格林對競爭對手的銷售情況有著詳盡的了解，這得益於他超凡的記憶和分析能力。對於每家公司的銷售情況、營業額、盈餘以及每平方英吋的銷售量、租金收費等等，他不但能夠牢記在心，而且能在日後輕而易舉的列舉出來。格林帶著極大的興趣，仔細研究每家公司的財務報表，並做出自己的判斷。有同事說他的資料庫嚴密到連英國的情報人員都要羨慕了。對此，他的商業對手相當佩服，「對於我們的銷售情況，他似乎比我們自己還要早知道。」

格林時常有驚人之舉。一天，BHS 的服裝採購小組被叫進了格林的辦公室。擺在他們面前的是一排排的服裝樣品，其中有 BHS 的品牌，也有其他對手的品牌。相比之下，BHS 服裝顯得款式陳舊、種類單一。採購人員還來不及解釋，格林就提出了自己的要求：更新服裝款式，重新選擇服裝供應

商，否則採購小組全部換人。那種沒有半點商量餘地的口吻令採購人員至今記憶猶新，據說其中一位還委屈得掉下了眼淚。但格林卻終究達到了目的。現在，凡是其他賣場出現的流行服裝款式，在 BHS 都能找到，而且價格更低。

就在其他零售商轉而在市場行銷方面下工夫並聲稱取得成效時，格林卻一再堅持他的信念：產品，產品，產品。他從來不僱用公關人員做宣傳，並稱之為毫無意義的虛有其表。他也從來不打廣告，因為他認為商店櫥窗就是最好的促銷方式。「我們的商店處在商業街的中心地帶，每天都有上百萬的人從我們的門口經過，還有什麼比這（指櫥窗）更有效的呢？」

就憑著這些，格林成功了。在一年的時間內，BHS 不但還清了一億英鎊的債務，而且稍有盈餘。在不到兩年的時間裡，BHS 的稅前利潤暴增到 9,200 萬英鎊，超過了分析家的預測，與接手之前相比，所創利潤成長了超過七倍。BHS 的身價扶搖直上，倫敦市的分析家們報出了 12 億英鎊的高價。格林也因占有 BHS95% 的股份而擁有了 10 億英鎊的資產。倫敦市內對他抱有成見的人不得不對他刮目相看，他們承認，「格林確實是一位商業奇才，他懂顧客想要什麼」。

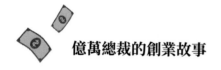

小涼皮做成了大生意

賈亞芳，一個四十四歲的失業女工，靠人民幣 500 元起家賣涼皮，短短幾年的工夫，就在中國二十多個省建立了兩百多家「捷爾泰涼皮連鎖店」，擁有 1,000 畝的辣椒綠色生產基地和 1,000 畝的花椒綠色生產基地。她因此被評為「2004 年中國十大經濟女性年度人物」。

西元 1998 年 2 月，賈亞芳失業的第二天，就騎著腳踏車到西安交通大學東邊沙坡村裡一個賣涼皮的地攤前，做起了市場調查。透過調查，賈亞芳決定賣涼皮，花了人民幣 508 元，買齊了賣涼皮需要的全部家當。

3 月 6 日，天剛亮，賈亞芳就來到菜市場，買了 10 斤配涼皮的綠豆芽和 50 斤涼皮，騎著三輪車，來到西安一家大工廠門前，在一個不起眼的地方擺起了涼皮攤。很快，50 斤涼皮全賣完了。除去 40 元涼皮、5 元的綠豆芽、2 元的攤位費和油鹽醬醋，淨賺 20 多元！

但賈亞芳沒有滿足。她又算了一筆帳：100 斤米也不過才人民幣 100 元，蒸 200 多斤涼皮，以 8 角錢一斤批發，除去煤、電和其他費用，至少能賺 60 多元。如果自己蒸、自己賣，那樣，100 斤米做成涼皮，至少可以賺近 200 元。她在西安市繞了一圈，沒有發現任何一家既蒸涼皮又賣涼皮的餐

館，這使她興奮不已。如果租一間店面，既蒸涼皮，又賣涼皮，一天賣 200 斤米的涼皮，不就可以賺 400 塊錢嗎？這樣一個月下來不就是 10,000 多，一年不就是十幾萬嗎？賈亞芳的心熱起來了 —— 她想開店。

第一家涼皮店在李家村開業了，這裡是西安服裝批發市場，人流量非常大。房租是 2,200 元。開這樣的一個涼皮店，至少要僱 5 個員工，一個蒸涼皮的師傅按每月 1,000 元的薪水計算，員工管吃管住，每人按 200 元薪水計算，這樣一來，每月薪水和房租加起來將近 5,000 元，折合每天 170 多元。這是賣 200 碗涼皮的純利潤。可是，開業第一天賣了 160 碗，第二天賣了 210 碗後，銷量就再也不成長了。眼看著做不下去，只好關了門。從開業到關門不到兩個月，虧了 3,790 元，但賈亞芳也找到了失敗的原因：一是涼皮不好吃，沒有回頭客；二是涼皮店的選址不好，人們到這裡是買衣服，通常不吃飯。

於是，賈亞芳開始對陝西涼皮進行深入調查。陝西的涼皮分為兩派：一是關中戶縣的秦鎮涼皮，二是陝西南部的漢中涼皮。秦鎮涼皮硬爽耐嚼，但口感不好，漢中涼皮柔軟細膩，但一挑就斷。對這兩派涼皮進行反覆比較之後，賈亞芳產生了一個大膽的想法：為什麼不把兩派涼皮的優點結合在一起呢？她起早摸黑，洗米、泡米、打漿、蒸製，每一個細

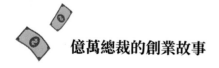

節，她都認真記錄。經過反覆實驗，直到口感「好極了」，賈亞芳才決定再次租房開店。

她吸收了上次的教訓，四處選地段，四處奔走了一個星期，仍沒有找到合適的位置。地段好、租金就貴，地點偏僻，人氣又不旺。她想，自己研製的涼皮要是真的好，地段差一點也應該有人來買！這樣一想，她又騎上三輪車，準備先試賣三天，看看自己研製的涼皮究竟好不好。

第一天，一碗都沒賣出去。第二天，一位婦女嘗了一口後，連聲說好，招呼旁邊的人快來吃。第三天，她才剛擺出來，不到一個小時，涼皮就賣完了。第四天，她沒有騎三輪車擺攤賣涼皮，她騎著腳踏車出去找店面去了。

寬約一公尺的店面，門前還有一棵大樹，房租一個月人民幣 1,300 元。但她毫不猶豫租了下來，又花 300 元做了一塊「捷爾泰涼皮」的招牌，掛在大門上方。捷就是快捷，泰就是安泰、健康。捷爾泰就是讓人們以最快的速度吃到最健康好吃的涼皮，可是路人卻不懂得其中的意思。但他們對這個名字感到好奇，有人還以為是國外的涼皮，就想嘗嘗看。

這一嘗不得了，開業第一天，賈亞芳的涼皮賣了 110 碗，第二天 200 碗，第三天 350 碗，第四天，一下子賣到了 560 多碗……第一個月下來，賈亞芳賺了 10,000 多元，第二個月的利潤將近 20,000 元。到了第三個月，為了能吃到賈亞

芳的涼皮，人們竟然要排上兩個多小時的隊伍，這條並不寬敞的街道甚至開始堵塞。

為了保持獨特的口味，每碗涼皮都是由賈亞芳親自調配佐料。賈亞芳曾經在一天之內賣過 1,500 碗涼皮，一天下來，她連站起來的力氣都沒有了。賈亞芳調涼皮的配料技術是她贏得顧客的法寶。一碗涼皮用淨涼皮七兩，加菜一兩，加稀釋後的調味料二兩，再加四錢辣椒油。與眾不同的是加了 20 多種中藥。半年之內，賈亞芳就賺了將近 100,000 元。

1999 年，賈亞芳在陝西省工商局註冊了「捷爾泰」商標。生意越做越大，她又萌生了在全中國發展連鎖店的想法。因為口味的問題，中式餐點難以標準化生產；為此，她研製了濃縮調味料。只要按照一定的比例在濃縮調味料中加入溫開水，不管是誰，都能調出原汁原味。

由於有示範店現身說法，全中國各地的加盟者十分踴躍。賈亞芳對所有的加盟店都統一原料、統一門面、統一餐具、統一服裝。

為了保證原材料的統一，2003 年，她採用「公司加農戶」的形式，建了寶雞市鳳縣 1,000 畝綠色花椒基地和隴縣 1,000 畝綠色辣椒基地。她每年下訂單給農民，農民優先給她上等貨。上乘的原料便是涼皮的品質保證。

現在，捷爾泰涼皮在全國已經開了 200 多家連鎖店，

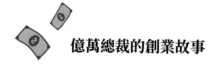
是 2,000 多名職員及其子女的維生依靠,她在西安市建起了 2,000 多平方公尺的涼皮加工廠。下一步,賈亞芳想把涼皮發展到國際市場,目前,「捷爾泰涼皮」已在新加坡、加拿大成功註冊。

我的第一桶金

對大多數想創業的年輕人來說,他們有的是熱情、書本知識,缺少的是經驗、資金。而資金往往是創業所必需的,所謂初次創業成功就是掘到第一桶金。有了這第一桶金,加上掘金過程中累積的經驗,創業之路就開始步入了正軌。

野花賺來第一桶金

> 看慣了野花的鄰居也說起了風涼話，潑他冷水：「要是山
> 上的野花能賺錢，那別人不是早就去做了，還輪得到你
> 嗎？」但是張秀相信自己的判斷，野花一定會有市場……

張秀是遼寧省清原縣人，因為家鄉地處深山，不適合種植其他經濟作物，多年前，頭腦靈活的他開始嘗試種植傳統花卉。但由於交通不便，客戶通常都不會主動上門，張秀經營著8畝的花圃，生意一直普普通通，賺的錢只夠維持一家人的日常開銷。

雖然生意上一直沒有多大的起色，但因為肯鑽研、愛動腦，張秀慢慢練就了栽培花卉的好手藝。漸漸的，他的名聲在當地傳開了，有一些老闆慕名而來，以重金聘請他出山，當花卉顧問，或者請他以技術入股的方式合夥經營。而張秀因為在山裡生活慣了，不願意離開家鄉，想著有沒有別的方法，讓生意好起來？

有一天，吃完早餐後，張秀到花圃附近的山上閒晃，看著山坡上漫山遍野盛開的野花，張秀閃過一個念頭：現在的都市人不是都喜歡買一些樸實自然的東西嗎？既然如此，我何不把野花移植過來，進行大規模栽培呢？

張秀仔細分析了栽培野花的可行性：第一，他有種花的

好手藝，技術上沒問題；第二，當地的野花資源極為豐富，可就地取材，不需要其他資金投入；第三，野花適應能力強，容易存活，且抗病蟲害。想到這裡，張秀頓時興奮不已。

1998 年 5 月 1 日，張秀從山上挖來了 50 株迎紅杜鵑，種在自家花圃的一角。從此，他幾乎每天蹲在花圃裡，像照顧小孩一樣精心照料那些迎紅杜鵑，可是過了不到半年，那些移植過來的迎紅杜鵑竟陸陸續續全死光了。

第一次移植野花慘遭失敗，張秀並沒有洩氣。他繼續天天往山上跑，經常蹲在長滿迎紅杜鵑的岩石上，一坐就是大半天，最後發現是泥土的溼度問題導致迎紅杜鵑的移植失敗。找到了癥結點，張秀決定在泥土層下面加石板，模仿迎紅杜鵑的野生生長環境，然後再抽掉石板，讓它一步步適應花圃的環境。1999 年春，張秀又從山上移植了 50 株迎紅杜鵑，不過這次他在泥土下面加了兩塊石板。到了秋天，張秀小心翼翼的先撤掉了第一塊石板，結果迎紅杜鵑長勢良好，沒有受到影響。到了第二年春天，張秀又撤掉了第二塊石板。令他喜出望外的是，這次終於成功了，50 株迎紅杜鵑枝繁葉茂，外觀十分討喜。

這次移植成功，令張秀信心大增，也加快了他培育其他野花品種的步伐。此後，在短短半年的時間裡，張秀全心研究起了玉竹、紫花玉簪等十多種野花，並一一移植成功。到

了 2000 年秋天，他的花圃裡有十幾種野花，每一種都有數萬株。

這年 9 月，張秀背著十幾種野花樣品，來到撫順的各大花卉市場和園林綠化公司，推銷起他栽種的野花。可是他萬萬沒有想到，大半年過去了，跑遍了撫順的幾個市區，嘴皮磨破了，皮鞋也穿爛了幾雙，竟然連一株野花也沒有推銷出去。

難道人們不喜歡野花嗎？張秀從一個花卉老闆口中得知，一是人們對野花不太了解，二是擔心野花買回家會種不活，吃力不討好。張秀垂頭喪氣的回到家裡後，看慣了野花的鄰居也說起了風涼話，潑他冷水：「要是山上的野花能賺錢，那別人不是早就去做了，還輪得到你嗎？」

但是張秀相信自己的判斷，野花一定會有市場，只是目前沒有找到合適的銷售管道而已。可是要怎麼樣才能把野花推銷出去呢？張秀覺得野花之所以不被人看好，主要是因為人們對野花的養育方式不了解，宣傳不足，於是他想到了「借雞生蛋」的辦法，搭大公司的便車，幫自己做免費廣告。

他找上在鞍山市裡一個姓何的花卉經銷商。當何老闆接到張秀的電話時，開口就問：「老張，你又培育出了什麼新的花卉品種？」張秀將他培育了十幾種野花的事告訴對方後，何老闆想了想，說：「其他的野花品種都不要，我只要

紫花玉簪，有多少我全收。」

　　第二天，張秀的 7 萬株紫花玉簪以每株 8 分人民幣的價格賣給了何老闆。這是張秀培育野花 3 年來，第一筆成功的野花生意。後來，張秀得知，這批紫花玉簪經何老闆轉手之後，被他以每株 3 角人民幣的高價賣給了一個園林綠化公司。雖然自己辛辛苦苦賺的錢只有五千多元，但張秀還是非常開心。因為他覺得，搭上了何老闆這條大船，搞不好以後就能開拓野花的銷售市場。

　　果然，隨著張秀培育野花的名氣越來越響亮，找他訂購野花的人更多了。除此之外，張秀的野花還引來了外商，2003 年 8 月，張秀的野花出口韓國，這一次，他賺了一萬多元。到了 2005 年 9 月，張秀的野花不但穩穩占據了韓國市場，還外銷日本、俄羅斯、香港和臺灣等地。

摩根如何賺到人生的第一桶金

> 摩根賺到人生的第一桶金,除了借助了氣候變化的因素
> 之外,還有許多值得稱道的過人之處:第一,積極進取,
> 及時掌握身邊的每一個商機;第二,不屈不撓,遇到困
> 難和阻力絕不輕言放棄;第三,借勢使力,巧妙整合各
> 種資源達到自己的目標。

西元 1857 年,20 歲的摩根(J. P. Morgan)從德國哥廷
根大學畢業後,進入鄧肯商行工作,在查爾斯·達布尼的指
導下學習會計和記帳。

那時候,年輕的摩根身材魁梧,神采奕奕,風流倜儻,
深邃的雙眼閃耀著藍色的光芒,銳利的目光似乎能夠洞穿人
心,為人處事沉穩老練。因此,摩根雖然年紀不大,卻給人
們一種老謀深算、值得信賴的印象。

有一次,摩根被派往古巴的哈瓦那採購海鮮。回來的時
候,貨船在紐奧良碼頭短暫停泊休憩。

摩根是一個很有想法的人,尤其是在時間管理和利用方
面,更是獨具匠心,比如,就連這個短暫的休憩時間也被他
充分利用了。別人在休息室閒來無事,不知如何打發時間,
而摩根卻爭分奪秒,抓緊時間走出碼頭,一面放鬆身心,一
面觀察行情,尋找可能利用的商業機會。

　　真是上天不負有心人。就在摩根信步於碼頭的時候，一位素昧平生的白種人從後頭猛然拍了一下摩根的肩膀，神秘的說道：「尊貴的先生，請問您想買一些咖啡嗎？」

　　摩根下意識感覺到發財的機會出現了，馬上回應道：「有多少？」

　　「夠多。」那陌生人幽默而機智的答道。

　　「多少錢？」摩根問道。

　　陌生人仔細打量了一下摩根，「如果你全部收下，我可以半價賣給你。」

　　「那當然。」摩根不假思索脫口而出。

　　經過詳細了解，摩根得知：原來這位素昧平生的白種人是一艘巴西貨船的船長，為一位美國商人運來了一船的咖啡。可是，當咖啡運到碼頭的時候，那位收貨的美國商人卻意外破產了，根本無法支付款項、接收咖啡，素昧平生的白種人只好就地賤價拋售。

　　「尊貴的摩根先生，如果您真的有誠意全部購買，我願意只收半價，絕無戲言。」白種人再一次強調。

　　「為什麼？」摩根機警的反問。

　　「因為您等於幫了我一個大忙嘛。」

　　「此話可當真？」

　　「當真！但是我有一個條件，就是我們必須是現金交易。」

# 我的第一桶金

　　摩根仔細察看了白種人船長拿出來的樣品，覺得咖啡的成色還不錯，市場潛力應該很大，於是立即果斷決定全部買下。

　　實際上，摩根作出這樣的決定是冒著極大商業風險的。這是因為，第一，此時的摩根初出茅廬，雖然是大學畢業生，但是還沒有商業實踐經驗。第二，此時的摩根只是憑感覺做決定，還沒有時間去找到合適的買家，萬一這一船咖啡賣不出去，毀於手裡，後果將不堪設想！但是，摩根還是沒有任何猶豫，他憑藉著自己的直覺判斷，果斷接下了這船咖啡。

　　回到美國後，摩根馬不停蹄拿著咖啡樣品，到當地所有與鄧肯商行有連繫的客戶那裡去推銷。

　　那些經驗豐富的公司職員都勸摩根：「年輕人，做事還是謹慎一點比較好。雖然這些咖啡的價格讓人怦然心動，但是，誰敢保證船艙內所有的咖啡品質都完全一樣呢？更何況，以前曾經多次發生過船員欺騙買主的事啊！」

　　摩根堅信自己的判斷絕對沒錯。他仍充滿熱情的發電報給紐約的鄧肯商行，把這門生意的情況告訴他們。然而，喜形於色的摩根等來的卻是當頭棒喝，鄧肯商行對摩根的行為嚴加指責：

　　「第一，絕對不許擅用公司名義做未經核可的事情！」

　　「第二，務必立即撤銷所有交易，不得有誤！」

　　熱血沸騰的摩根頓時涼透了心。但是，從小就爭強好勝的摩根面對鄧肯商行的堅決反對，並沒有絲毫的畏懼退縮。他相信自己的直覺判斷絕對沒錯，這是一筆極為有利可圖的大買賣。但是，沒有了商行的支持，摩根不得不硬著頭皮向遠在倫敦的父親吉諾斯求援。在父親吉諾斯的支持下，摩根一不做二不休，索性放手大幹一場，也以很便宜的價格全部買下了碼頭裡其他幾艘船上的咖啡，耐心等待著售出機會。其動作之快，氣魄之強，令人讚嘆。摩根的許多熟人都為他捏了一把冷汗！

　　真是老天有眼，沒過多久，摩根就等來了很好的拋售機會。巴西的咖啡產量因為受到寒潮侵襲而驟減，市場上居然出現了斷貨的情形。俗話說，物以稀為貴。此時咖啡的價格一下子暴漲了好幾倍！結果，勇於冒險的摩根終於大賺特賺。

王永慶的第一桶金

人與人之間在智力和體力上的差異並沒有想像中的那麼
大，很多小事，一個人能做，其他的人也能做，只是做
出來的效果不一樣，往往是一些細節上的工夫，決定了
完成的品質。「細節決定成敗」，臺灣首富王永慶就是從
細節中找到成功機會的人。

王永慶早年因家中貧困而讀不起書，只好去做買賣。西
元 1932 年，16 歲的王永慶從老家來到嘉義開了一家米店。
當時，小小的嘉義已有近三十家米店，競爭非常激烈。當時
僅有 200 元資金的王永慶，只能在一條偏僻的巷子裡租一個
很小的店面。他的米店開店最晚、規模最小，沒有任何優
勢，更談不上知名度了。在新開張的那段日子裡，米店生意
冷冷清清，門可羅雀。

當時，一些老字號的米店分別占據了周圍的大市場，而
王永慶的米店因規模小、資金少，沒法做大宗買賣；而那些
位置好的老字號米店在經營批發的同時，也兼做零售，沒有
人願意到他這一家偏僻的米店買貨。王永慶曾背著米挨家挨
戶去推銷，但效果不太好。

怎樣才能改善銷路呢？王永慶認為米店想在市場上立
足，就必須有一些別人沒做到、或做不到的優勢才行。仔細

思考之後，王永慶很快在提高米的品質和服務上找到了突破口。

1930 年代的臺灣，農村還處於手工作業的狀態，稻穀收割與加工的技術很落後，稻穀收割後都是鋪放在馬路上晒乾，然後脫穀，沙子、小石子之類的雜物很容易摻雜在裡面。家家戶戶在煮飯之前，都要經過一道淘米的程序，非常不方便，但買賣雙方對此都習以為常，見怪不怪。

王永慶卻從這一個司空見慣的現象中找到了切入點。他帶著兩個弟弟一起動手，不辭辛苦、不怕麻煩，一點一點將夾雜在米裡的秕糠、砂石之類的雜物撿出來，然後再出售。這樣一來，王永慶米店賣的米品質就提高了一個等級，因而深受顧客好評，米店的生意也日漸改善。

在提高米質見到效果的同時，王永慶在服務上也更進一步。當時，買家都是自己前來買米，自己運送回家。這對於年輕人來說不算什麼，但對於一些上了年紀的老年人，就有大大的不便了；而當時年輕人整天忙於生計，且工作時間很長，不方便前來買米，買米的任務只能由老年人來承擔。王永慶注意到這一個細節，於是超出常規，主動送貨上門。這一個方便顧客的服務措施，大受顧客歡迎。

當時還沒有送貨到府一說，增加這個服務項目簡直是一項創舉。

　　送貨上門也有很多細節工作要做。即使是在今天，送貨上門也充其量是將貨物送到客戶家裡並根據需要放到相應的位置，就算完成了。那麼，王永慶是怎麼做的呢？

　　每次送米給新顧客，王永慶就細心記下這戶人家米缸的容量，並且問清楚這家有多少人，有多少大人、多少小孩，每人飯量如何，據此估算該戶人家下次買米大致的時間，記在本子上。等時候一到，不用等顧客上門，他就主動將相應數量的米送到客戶家裡。

　　王永慶為顧客送米，並非送到便了事，還要幫人家將米倒進米缸裡。如果米缸裡還有米，他就將舊米倒出來，將米缸擦乾淨，然後將新米倒進去，將舊米放在上層，這樣一來，舊米就不至於因存放過久而變質。王永慶這個細心的服務令不少顧客深受感動，他因此贏得了很多顧客。

　　不僅如此，在送米的過程中，王永慶還了解到，當地大多數家庭都以零工為生，生活並不富裕，許多家庭還沒到發薪日，就已經囊中羞澀。由於王永慶是主動送貨上門的，要貨到收款，有時碰上顧客手頭緊，一時拿不出錢的，會弄得大家很尷尬。為解決這一問題，王永慶採取按時送米，不即時收錢，而是約定到發薪之日再上門收錢的辦法，解決了即時收款中可能會因對方手頭緊而出現尷尬的問題，大大給了顧客方便，深受顧客歡迎，使那些接受服務的顧客，都成了

王永慶的主顧。

王永慶細心、務實的服務方法，使嘉義人都知道在米市馬路盡頭的巷子裡，有一個賣好米並送貨上門的王永慶。有了知名度後，王永慶的生意很快便興盛了起來。由此，經過一年多的資金和客戶累積，王永慶便自己開了一個碾米廠，在離最繁華熱鬧的街道不遠的臨街處，租了一個比原來大上好幾倍的房子，臨街的一面用來做店面，裡間用作碾米廠。就這樣，王永慶從小小的米店生意開始了他後來問鼎臺灣首富的事業。

12 顆野雞蛋成就一個百萬富翁

> 靠 12 顆鄉下人司空見慣的野雞蛋，創下 300 萬的財富，黃長生的創業經歷既沒有祕訣，也絕不是偶然，全是他勤於思考和吃苦耐勞換來的。

西元 1964 年 7 月 12 日，黃長生出生在江西省銅鼓縣的大土段村，這個人口一千多的村子因為交通閉塞、山多田少，經濟十分落後。

1994 年，黃長生告別妻兒，和一位鄰居前往廣州做工，在一個建築工地裡搬水泥、砂漿，賺點辛苦錢。一轉眼，到了 1995 年的中秋節，黃長生和另外三位工人準備去吃一頓好

料的。在一家小餐館,他們點了一個王錦蛇火鍋和兩斤散裝白酒,結帳時,老闆告訴他:一共人民幣 200 元,其中火鍋 180 元!黃長生一聽,嚇了一跳,這條花王錦蛇充其量也只有 2 斤重,在自己的山村裡賣 20 元已經是天價,誰知在這裡竟要價 180 元!從這時起,黃長生明白了一個道理:要賺錢得動腦子,靠賣苦力一輩子也沒有出頭之日,他決定辭職回家再想辦法。

1995 年年底,黃長生帶著 2,000 元血汗錢回到了家裡。

1996 年清明節那天,黃長生帶著兒子、姪女上山去為父親掃墓。突然,在墓地旁的雜草叢中,「嘩」的一聲,一隻野雞飛走了,幾個孩子感到好奇,一擁而上鑽到草叢裡,竟然意外發現了一窩野雞蛋,黃長生數了數,一共是 12 顆。

當時黃長生並沒有把這件事放在心上。回到家,他突然想起了在廣州吃火鍋的事:何不把這些野雞蛋孵出來試一試呢?也許能賺一點小錢。可是在村子裡,孵野雞蛋是從來沒有人做過的事,村民們都認為黃長生是異想天開。然而黃長生並不在意,他先找了一隻母雞去孵,沒想到孵了 7 天後,母雞就死也不肯再進窩。他思考了一番後,找來一顆 100 瓦的燈泡,吊在竹筐上方,再用毯子蓋住蛋。過了一會兒,他用手摸一摸毯子,覺得溫度太高,再換成 60 瓦的燈泡,用手摸摸毯子,剛好合適。有時停電了,黃長生就將雞蛋小心翼

翼裹好，抱在懷裡加溫。24 天後，終於有 8 隻毛茸茸的小雞破殼而出。

看著一隻隻可愛的小雞，黃長生心裡十分開心。他將 8 隻小雞放在紙箱裡，並準備一些玉米、黃豆、高粱等，打碎餵小雞吃。又過了 40 天，最大的小雞已經長到 8 兩重，其中有 6 隻母的，2 隻公的。

1996 年，農曆八月十七日，黃長生飼養的野雞開始下蛋了，他捧著產下的第一個野雞蛋，感到興奮與激動，這麼久的苦總算沒白費啊！接著，其餘幾隻野雞開始陸續產蛋。因為產下的蛋較多，再用老辦法孵肯定行不通。9 月底，他請來一位篾匠，做了幾個蒸籠，將野雞蛋鋪在蒸籠裡，再罩在一個大木桶上，木桶裡放上 4 顆燈泡，又自己設計了一個控溫器，將溫度控制在 37 度至 39 度之間。

這樣一邊生蛋、一邊孵化，到了 1996 年年底，黃長生便養出了 300 隻野雞，黃長生高興之餘，漸漸感受到一股壓力。為了養這些雞，光是買飼料就花了超過 2,000 元，蓋雞舍又花了 3,000 元，不但用光了自己工作賺來的血汗錢，還欠了幾千元的債。看熱鬧的人來了一波又一波，可就是沒有人提起買野雞的事。

沒人買，這 300 隻野雞還是得繼續養，黃長生只好四處借錢買飼料。忍無可忍的妻子大罵他是鬼迷心竅，一年下

來，錢沒賺到，成天繞著野雞轉，還欠了一屁股的債。黃長生為了這些野雞，也整天悶悶不樂！

元宵節後的一天，黃長生正坐在家裡發呆，一位姓張的港商透過當地人介紹，專程要來買他的野雞。港商問他，160元一隻，賣不賣？黃長生聽了，一陣狂喜，160元人民幣一隻，300隻就是48,000元人民幣。這筆錢對他來說可是一筆很有誘惑力的大數字呀！但黃長生畢竟和一般的農民不同，他稍微思考了一下，既然這些雞這麼值錢，可千萬不能全部賣掉。於是，他答應將2斤重以上的雞賣掉，抓來一數，剛好120隻，賣了19,200元。

黃長生養野雞賺了大錢的消息轟動了當地，沒多久，當地的政府官員便帶著副縣長和地方新聞媒體的記者趕到他家，開了個「特色農業現場會」。沒想到這個會竟然幫了他的大忙，此後，上海、江蘇、浙江等地的大酒店紛紛找上門來訂貨。

1997年冬，黃長生花8萬元買下當地一家祠堂作為養殖基地，繼續擴大規模。他找上當地的獵人，告訴他們，只要捕到活野雞，他願意出高價收購。獵人們當然樂意為之，都帶著網子深夜上山去抓野雞。沒多久，獵人們便送來了4隻不同種類的野雞給黃長生。他在研究人員的指導下，利用不同種類的野雞進行人工雜交，成功培育出一個新品種 —— 錦鳳野雞。

錦鳳野雞不挑飼料，耐寒耐熱，不但外形美觀，而且肉質細嫩，肉雞 4 到 5 個月便可出售。

由於肯動腦子，加上勤勞肯做，黃長生的養殖業越做越好，到了 1998 年底，他已經有了三百多萬人民幣的資產。

200 元起家，打出一片天地

西元 2001 年 10 月，祝義才被美國《富比士》雜誌評為中國內地一百富豪第 53 位。在他風光的背後，卻有著非常艱辛的歷史。創業之初，他憑藉著 200 元人民幣為自己挖到了第一桶金。

1960 年代，在安徽桐城，一個姓祝的貧苦農家迎來了他們的第四個孩子。這個男嬰，除了按輩分取名，不能沒有「義」字以外，父母還為他取了意味深長的「才」字。「才」字既有學識，又含財富之意，這是用心良苦的期盼。要知道，在嚴重的飢荒中，他們的前三個孩子裡就有兩個被活活餓死！祝義才的出生，為他的父母帶來了無盡的慰藉和希望。

家境的貧困，生來便鑄造出祝義才頑強的毅力和不甘認命的個性。憑著聰明好學，他一直半工半讀到大學畢業，被分配到安徽省交通廳屬下的海運公司吃公家飯。太多的苦難

我的第一桶金

和家庭的貧困，使他早熟：自己的前途，要自己去爭取、去創造。1989 年，年僅 24 歲的祝義才，工作才一年多，便拋棄鐵飯碗，帶著 200 元辭職從商。

200 元能做什麼？他聽說做水產生意不錯，於是天天到水產市場「閒逛」。沒多久，他就發現做水產出口的利潤比其他生意都高得多。他腦袋一轉，透過一番「運作」，把零散的供貨者整合起來，準備集中供貨給外貿公司。為此，他買來黃頁電話簿，從中找到一家專門做對日貿易的水產公司，立刻大著膽子，單槍匹馬「殺」過去。誰知道，公司經理面對這樣一個既沒有資金、又沒有公司，且來路不明的年輕人不屑一顧，將他打發掉了。但祝義才不信邪，相信「誠信」是成功之門，硬是「黏」上這家公司，一連吃了三回閉門羹，到了第四天，經理拗不過他：「年輕人，你的認真和執著讓我服了，你拿樣品來吧。」

祝義才被鼓舞了，他歡天喜地回到水產市場，向老闆借了幾隻上等的蝦蟹，恭恭敬敬的呈送到外貿公司。經理認可了，同意買貨，就這樣，第一份飽含艱辛的大宗訂貨合約簽了下來。這個訂單讓他整整忙了 15 天，一結算，竟賺了 10 萬元！這在當時無疑是天文數字，對從未見過這麼多錢的祝義才更是如此，他平生第一次感受到了什麼是成功，也第一次意識到自己闖蕩市場的能力。

　　第一次的成功，大大鼓舞了祝義才，接著，他又拿到幾個大公司的訂單，同時，他的誠信和實作精神也在水產市場有口皆碑。一年的早出晚歸，200 元起家，竟做出九千多萬元的業務，淨賺了 480 萬元，這種超常「跳遠」式的經商傳奇經歷，為他後來更大宗的經營奠定了扎實的基礎。

我的第一桶金

我的理財觀

　　理財是現代生活的一部分，因為我們一生都無法與金錢脫離關係。而要理好財，就需要像理財顧問一樣，要做好計畫，並持續不斷執行並改進，才能從理財中獲益。一般而言，理財應該要能達到下列目的，才算理得好：可以不斷增加收入；可以減少不必要的支出；可以提高個人或家庭的生活水準；可以儲備未來的養老所需。

世界首富的理財之道

> 蓋茲身為一位天才致富者，深深懂得花錢應像炒菜放鹽
> 一樣恰到好處。大家都知道鹽的妙用。鹽少了，淡而無
> 味；鹽多了，太鹹難嚥。哪怕只是很少的幾元、甚至幾
> 分錢，也要讓每一分錢發揮出最大的效益。一個人唯有
> 用好他的每一分錢，才能做到事業有成，生活幸福。

比爾蓋茲（Bill Gates）和一位朋友一同開車前往希爾頓
酒店開會，由於出發得晚，導致他們找不到車位。他的朋友
建議把車停在飯店的貴賓車位，「噢，這可要花十二美元，
可不是個好價錢。」蓋茲不同意。「我來付。」他的朋友說。
「那可不是好主意，」蓋茲堅持道，「他們收得太多了。」由
於蓋茲的堅持，汽車最後沒有停放在貴賓車位上。

如同一般美國人一樣，蓋茲也在進行分散風險的投資。
蓋茲擁有股票和債券，並進行房地產的投資。同時還有貨
幣、商品和對公司的直接投資。據悉，蓋茲把名下兩個基金
的絕大部分資金都投在政府債券上。在他除股票以外的個人
資產中，美國政府和各大公司的債券所占比例高達 70%，而
其餘部分中，又有 50% 直接貸給私人公司、10% 投到其他
股票上、5% 則投在商品和房地產上。「雞蛋」放在同一個
「籃子」裡，一旦「籃子」出現意外，所有的「雞蛋」就都

很難倖免於難。

術業有專攻,「千里馬」雖然能一日千里,但是,耕起地來卻不如「老黃牛」實在。蓋茲雖然是頂尖級電腦奇才,但在理財的具體操作方面難免「技不如人」。為了使理財事務不致過度耗損自己的精力,蓋茲聘請了「金管家」。1994年,蓋茲在微軟股票之外的財產超過 4 億美元時,聘請了年僅 33 歲的勞森作為他的投資經理,並答應勞森說,如果微軟股價一直上升的話,勞森就可以用更多的錢來進行其他投資。除了 50 億美元的私人投資組合外,勞森還是蓋茲成立的兩個基金的投資管理人,蓋茲對這兩個基金的捐贈方式是直接將自己名下的微軟股份過戶給這兩個基金。勞森的工作就是將這些股份以最好的價錢售出,並在適當的時候買進債券或其他投資工具來完成這一過程。經過專家的分析,這兩個基金的每年稅額已經超過了名列《財富》五百家中排名較後的公司淨收入。

洛克斐勒勤儉致富

> 扎實的財富是需要努力和節儉才能追求到的，同時也需要時間和毅力。依照世界上的一般利率來粗略估算，如果每天儲蓄 1 元，88 年後就可以得到 100 萬元。正因為這種有耐性、有毅力的精神，很多人便由此得到了許多意想不到的賺錢機會。如果洛克菲勒一世沒有以 5 年的時間勤奮工作、節儉儲蓄，他後來就不可能獲得 800 美元作為創業的資本，因而也不可能成為石油大王。

洛克菲勒集團的企業精神，從該集團創始人約翰·戴維森·洛克菲勒（John D. Rockefeller）的創業過程看，有一點特別突出，就是注重勤儉。換句話說，勤儉致富是其企業精神。

洛克菲勒世的父親叫威廉·洛克菲勒，他在美國是一位小商人，販賣一些小藥品，後來也沿街叫賣石油。洛克菲勒一世在父親的影響下，從小就養成了勤勞的精神，而且學習到一些經商的手法，這對於他日後的發跡致富不無影響。

洛克菲勒一世出生於西元 1839 年，他雖然進入學校讀書的機會不多，但善於掌握時間學習，閱讀了大量的書籍，所以腦子變得十分靈敏。到了十幾歲時，他已開始考慮怎麼自己創業致富了。為了尋找致富之路，他決定將辛辛苦苦工作賺到的 5 美元用來購買書籍，以試圖從書中找到致富的方法。

　　有一天，他在一份晚報上看到了出售發財秘訣的巨幅廣告，連夜趕到書店去購買這本求之不得的書。拿回家後，他急忙拆開包裝嚴密的《發財秘訣》，哪知書內空無他物，整本書內只印了「勤儉」兩個大字。洛克菲勒大失所望，並十分生氣，把書扔到地上，並準備到書店找老闆算帳，控告老闆和作者騙人。但當時時間已晚，他想到書店已經關門了，因此，又決定第二天再去。

　　那天晚上，洛克菲勒輾轉不能入睡，起初是對書的作者和書店生氣，氣他們為什麼要以這麼簡單的二字印書騙人，使他辛苦得來的 5 美元血汗錢浪費在這「騙術」上！後來，夜已深了，他的火氣也慢慢降下來。他想，為什麼作者只用兩個字出版一本書呢？為什麼又選用「勤儉」這兩個字呢？想呀想，越想越覺得「勤儉」兩字有其意義，越想越感受到該書作者的用意，越想越覺得勤儉是人生立世致富的根本道理，他終於大徹大悟了。

　　想到這裡，天已亮了，他趕緊把書本從地上撿起來，深深吻了它一下，然後端正擺在他臥室的書桌上，作為他奮鬥創業的座右銘。從此，他努力去工作，埋頭苦幹，把每天掙來的錢，除了一部分交給家裡外，其餘一分也不亂花，全部存起來，準備用做以後創大業之用。

　　洛克菲勒如此堅持了 5 年，辛辛苦苦賺了 800 美元，他用這筆錢開創了他的事業。

霍華・休斯的理財觀

一鳥在手勝過兩鳥在林，這正是休斯的經營思想，是他穩當實在的制勝之道。他認為，既然 2300 萬美元也是由許多個 150 美元組成的，那麼，就沒有理由因 2300 萬美元可能到手而放棄、浪費 150 美元。他認為那種崇尚「小錢不出大錢不入」的說法不完全對。其實，注重效益，不該花的錢一分不花，正是在競爭中積小勝為大勝的道理。這也是穩扎穩打，降低經營成本即增加收入的道理。

霍華・休斯（Howard Hughes）被喻為「飛機大王」，曾是控制美國的十大財團之一的老闆，他是美國環球航空公司的董事長。

有一次，霍華・休斯開車到飛機場去，車上還有另一位美國富豪福斯先生。他們邊開車邊談生意。福斯滔滔不絕談起一筆 2,300 萬美元的大生意，他說要設法做成。休斯聽了福斯的話，似有所悟，立即把車靠邊停下，趕著往路旁的一間藥店走去。

福斯不知怎麼一回事，只好在車上坐著等候。一會兒，休斯回來了，福斯困惑不解的問休斯做什麼去了。

「打電話，」他說「我要把我在環球航空公司（他自己

擁有的公司）的那張票退掉。因為我要陪您乘另一班飛機。」他答完後又說起福斯所說的那筆 2,300 萬美元生意的事。

福斯笑著說：「我們正在談著 2,300 萬美元的大生意，而您卻為了節省 150 美元的機票把我放下去打電話了，這麼急停下來差點要把我們撞死。」

休斯卻認真回答：「這 2,300 萬美元的大生意是否能成功還是個問題呢，但節省 150 美元卻是實實在在的現金。」

崇尚節儉的山姆‧沃爾頓

> 億萬富翁往往都崇尚節儉，身為普通人又有什麼理由和本錢鋪張、浪費呢？審慎理財，量入為出，不但可以擺脫負債的困擾、過著簡樸的生活，更可以為將來的創業累積資金。

山姆‧沃爾頓（Samuel Walton）的經營之道很值得效法。

山姆‧沃爾頓說：「我從很小的時候起就知道，用自己的雙手掙取一美元是多麼艱辛，而且也體會到，當你這麼做，會是值得的。在一件事上，我和爸爸媽媽的看法一致，那就是對錢的態度：決不亂花一分錢！」

山姆確實是出了名的節儉。有億萬家財的他卻開著一輛老舊的貨車；戴著印有沃爾瑪（Walmart Inc.）標誌的棒球帽；

去小鎮街角的理髮店理髮；在自家的折扣百貨店購買便宜的日常用品；公務外出時，總是盡可能與他人共住一個房間，而旅館多為經濟型的；外出用餐，也只去家庭式小餐館……

人們無法理解他為何如此保守，他們對山姆身為一個億萬富豪開著一輛破舊的小貨運車、或在沃爾瑪商店買衣服、或不肯搭頭等艙旅行百思不解。

這只能從山姆的成長經歷中去尋找原因。

山姆·沃爾頓出生在美國中西部小鎮普通農民家庭，成長於經濟大蕭條時期，這一切造就了他這種努力工作和節儉樸素的生活方式。

「我們就是這樣長大的。當有一枚一便士硬幣掉在街上時，有多少人會走過去把它撿起來？我打賭我會，而我知道山姆也會。」沃爾瑪公司的一位經理這樣說道。

因為山姆從小就體會到了每一分錢的價值，所以他也深知沃爾瑪的每一分錢都是辛苦賺來的，因此，他始終保持相當簡樸的生活，與一般中等收入家庭的水準沒有太大的差別。他坦言，他並不指望自己的子孫將來為了上學而去工作，但如果他們有追求奢侈生活而不努力工作的想法，即使是百年之後，他也會從地底下爬出來找他們算帳，所以，「他們最好現在就打消追求奢侈生活的念頭」。

在很早的時候，山姆的節儉就非常出名了。有一次，有一名員工被山姆派去租車，很快，山姆又叫他退租，原因很

簡單，因為他不願租用任何一種比小型汽車更大的汽車。這位員工進一步解釋了山姆的行為：不願意讓人看見他用比屬下用的更好的東西，山姆也不會住在比屬下住的更好的旅館裡，也不到昂貴的飯店用餐，也不會去開名牌、昂貴的汽車。

山姆搭乘飛機時，也只買經濟艙。有一次山姆要去南美洲，下屬只買到了頭等艙票，結果他很不高興，但是也不得不去，因為這是最後一張票了。他的助理說：「這是我知道的他唯一一次坐頭等艙的經歷。」

山姆在自傳中寫道：

> 「當我已在世界上嶄露頭角，準備做出自己的一番事業時，我早已對一美元的價值懷有一種強烈的、根深蒂固的珍重態度。」

這就是山姆絕不浪費每一美元的內涵。

 **我的理財觀**

知識創業

　　培根說：「知識就是力量。」知識是能夠教會人們掌握生活技能，並克服種種困難，從而使人們充滿自信的力量。同樣的，知識也是財富的源泉，它能直接引導人們獲取財富，尤其在現代社會的激烈競爭中，它更是商海的一盞長明之燈，指引人們前進的方向。

啟動沉睡網路的奇才

E 世代，網路把地球變成了一個更小的村莊，資金流動得更快，財富聚集得更快。E 世代是高速發展的，誰能順應時代，誰就是時代的寵兒。楊致遠，一個視網路如生命、視工作成就為人生最大享受的人，他和他的 Yahoo，可以說是 E 世代最神奇的神話之一。

西元 1994 年初，網路界最大的兩個議題就是：一、如何做出真正實用的瀏覽器軟體；二、如何讓全世界知道一些優秀網站的 URL（即網址）。議題即商機。美國伊利諾大學電腦系幾個想法靈活的大學生，很快就做出一個叫「馬賽克」的瀏覽器，但沒過幾個月，這款新品就在鋪天蓋地的「網景領航員（Netscape Navigator）」炒作中敗下陣來，銷聲匿跡；而第二個議題卻因過於虛無縹緲而乏人問津，即使有少數網站號稱「完全搜尋」、「全面追蹤」，其實都是些過於主觀、華而不實的首頁連結列表而已，根本禁不起全方位更新需求的考驗。整個網際網路陷入沉睡之中。

一天，楊致遠和大衛·費羅（David Filo）兩人無意中登錄了一個叫「梅爾玫瑰」的搜尋網站，儘管該網站內容空洞貧乏，缺少新意，但整個網站採用的分類目錄的作法吸引了他們兩人。為什麼不做一個像這樣可供使用者按自己的需求

查詢內容的網站？這種創新的想法導致了 Yahoo 的誕生，並成為後來 Yahoo 建立網站的技術方向。同時，由於關鍵字技術的使用，查詢速度更快，遠非從前那些僅供上網者誤打誤撞的搜尋引擎可比擬。這兩位高材生這時還沒有完全弄清楚他們挖掘到的這座金礦中的藏金量，兩人受「梅爾玫瑰」的啟發，編製了「全球資訊網使用手冊」，不久便已被眾多網路使用者視為查詢網址的最佳編目表，到 1994 年底，使用者對手冊的訪問量每天達 100 萬次以上，連續不斷的電話和 Email，也叫他們應接不暇，但這一切都沒有帶來一點點收益。楊致遠與費羅開始思索，這個寶貝發明除了純消費性的嗜好之外，是否還有別的用途。有沒有商家對每天有上百萬使用者訪問的「網頁總覽」感興趣呢？

同年年底，楊致遠聘請哈佛商學院的朋友提姆．希拉迪為他們準備一個可以出示給投資家們看的創業計畫書。在這個計畫書中，Yahoo 這個名詞正式誕生。

幸運的兩個年輕人很快就引起了 Sequoia 投資集團的注意，該集團曾在許多著名電腦公司的創業階段給予援助，這些公司中有蘋果（Apple）、康柏、雅達利（Atari）、甲骨文公司（Oracle）和思科（Cisco）。

儘管 Sequoia 的重要合夥人莫茲拉懷疑這麼年輕的兩個人是否有能力經營一個公司、且「手冊」運行以來還沒賺到

一分錢，它還有著奇怪的公司名稱，莫茲拉仍決定投資 100 萬美元。在這前後，美國線上公司（AOL）—— 當時世界上最大的商業性聯機服務公司，也找上門來威脅：如果 Yahoo 不同意簽約隸屬該公司名下，就將被視為競爭對手！

這意味著擁有幾百萬 AOL 伺服器使用者的聯機公司，將有可能把使用者選擇 Yahoo 的機會奪去大半。

在殘酷的競爭面前，兩位年輕人沒有退縮，他們如期在四月宣布公司成立，合作資金一到手，兩人即應徵了最需要的管理專家，包括任職公司執行長的提姆‧庫格爾（Tim Koogle）。時隔數月，透過一系列成功的商業策劃加上機遇，Yahoo 一躍成為最熱門的高技術電腦企業。首先，最佳網路瀏覽器製造公司「網景」，在它的產品上設了一個「網址指南」鍵，幫助使用者連至 Yahoo；接著，廣告商找上門來，同年 8 月，Yahoo 開始接受廣告。此舉起初曾引來不少非議，有些使用者甚至攻擊他們「賣身投靠」。但這些非議沒有維持多久，廣告在網際網路上很快變得司空見慣起來。更重要的是，Yahoo 的主要使命 —— 給使用者提供方便而免費的網路指南始終未變，並且，一系列革新使它的用途更廣了。

這些革新包括：同月，Yahoo 和路透社（Reuters）—— 倫敦一家向報紙和其他媒體提供新聞故事的公司合作，從此，Yahoo 使用者能夠方便的訪問路透社發表的新聞。不

久，天氣預報、股票指數、地圖和航班的功能也成為了可能；
接著，更增設了一個被稱為「My Yahoo」的功能，使用者可
用來編輯自己特別感興趣的 Yahoo 網頁，如籃球比賽積分、
紐約天氣預報、美國政壇新聞等；1996 年初，他們發布了
Yahoo － Ligans（Yahoo 小子）── 一個面向八至十四歲孩
子的「手冊」版本；隨後，又分別發布了日本、韓國、法國
和德國版本，以滿足外國使用者的語言需要；此外，「地區
版本」也開始面向美國各大都市區發布，隨當地民眾感興趣
的主題調整。多樣化的功能和版本，使得使用者樂此不疲的
在 Yahoo 網站上花更多時間，而不是馬上連到 AOL 網站上
去，從而使 Yahoo 對廣告商的吸引力越來越大。

　　Yahoo 的股票也從 1996 年 4 月上市開始，便引起了搶購
狂潮，每股價格由 13 美元飛竄到 43 美元，當晚收盤時，在
「全國證券交易商協會自動報價表」上仍顯示 33 美元一股的
高價，公司的市價值達到 8.048 億美元，比 Sequoia 集團一年
前給它估的價值（400 萬美元）整整高出了 200 倍。

　　1997 年，Yahoo 營業額為 6,141 萬美元，並首次實現了
網路公司的年度營利 ── 220 萬美元。1998 年，Yahoo 的總
收入已經達到了 2.003 億美元，利潤總額為 2,500 萬美元。
進入 1999 年後，Yahoo 的股票市值已經接近了 380 億美元，
這個數字甚至超過了飛機製造業的「老牌巨人」── 波音
公司（The Boeing Company）。

林煒一項專利賣出 700 萬天價

知識是財富的源泉，它直接引導人們如何獲取財富。一個 25 歲的女研究生竟在又髒又臭的皮革中闖出一個新天地，她的一項專利賣出 700 萬人民幣。

西元 1991 年，林煒錄取成都科技大學（現在的四川聯合大學）皮革工程系。命運之手悄悄撥動了她的航向，林煒考大學的時候，填的志願是電信相關科系，不知道怎麼陰錯陽差，卻被皮革系錄取。「這個系以後出了社會不就是做皮鞋嗎？我不想做。」林煒心裡嘀咕著，非常懊惱的把自己的心思告訴了媽媽。媽媽開導她說，科系並不重要，一個人只要能做一行、愛一行，行行都可以出狀元。

後來林煒發現學校在這個科系也擁有博士學位授予權，其學術地位在全國首屈一指，便立刻安下心來，將心力放在學習上。尤其大三時開始在皮革業實習，所學的專業知識能與實際經驗緊密結合，使她越來越對這個產業感興趣。

真正使林煒立志在皮革工程中做出一番成績來的，是她後來的指導教授張銘讓。1955 年 3 月，林煒在四川彭州炬星皮革廠的一個鄉下河壩上的分廠裡實習，正好張教授帶著兩名研究生也住在廠裡，做「三個廢液的循環利用」研究。勤奮好學的林煒，當然覺得這是一個千載難逢的機會，因為

對張銘讓教授，她早已久仰大名。此人是中國皮革學會的副理事長，學識淵博，想法新穎，治學態度認真嚴謹，而且對學生也是關愛有加，在皮革工程系口碑極佳。所以林煒一有空，便往張老師那裡跑，張老師雖和林煒是第一次接觸，但已感覺到她相當好學、有事業心、悟性好。於是張老師常在工作和學習上給予林煒許多鼓勵和啟迪，一些研究生做的專案也讓林煒參與做。經過張老師的指點，林煒開始發現了做實驗的樂趣，並真正對科學研究產生了「感情」。也正是這個時期，林煒從張老師那裡了解到了一些中國皮革製造業的情況。

1994 年以來，中國皮革製造業的外匯一直居輕工業首位。但是中國皮革製造業又是僅次於造紙業的環境汙染源。在一些皮革業製造發達的地區，地下水汙染嚴重，一般民眾甚至不吃本地產的雞蛋。目前還沒有任何一個國家能徹底解決製革業的汙水問題；中國全部的製革汙水，光是想要達到日本和韓國目前的處理水準，就需要投資一兆元人民幣。

林煒對皮革製造業的水汙染問題產生了強烈的憂患意識，她開始學著思考生產過程中出現的問題和原因，探求皮革產業的環保生產新路。

有一次，在與張老師交談時，林煒得知，當時炬星皮革廠用得最多的皮化材料是 KMC 蒙囿鉻鞣劑和 KRC 高吸收鉻

鞣劑，都是張老師帶領的專案小組研發的，但這兩種鞣劑都各有特點和缺陷，於是一個大膽的念頭從林煒腦海裡跳了出來，能否將兩種性能結合起來，研製出一種兩全其美的替代產品呢？她的想法立即得到了張老師的贊同，並在研究方法上得到了很多張老師的建議。這年 4 月，林煒以第一名的成績被錄取為碩士研究生，這使她有機會在張老師的指導下，將自己的想法付諸實踐。此後，她利用假期和業餘時間，邊查閱資料邊做實驗，尋求最佳的添加劑，以及研究鉻與添加劑絡合極最佳絡合比的問題。

　　一位皮革廠的廠長曾以開玩笑的口吻對林煒說，如果你在街上看見狗追著人跑，那麼一定是我們皮革廠的人。這話雖有些說笑的成分，講的卻是實情。皮革業是一個又髒、又臭、又累的產業，從皮革廠走一遭出來，身上都會帶著一股難聞的氣味。而一個二十出頭的女孩子，沒有在花前月下享受生活，卻一頭栽進了這樣的一個世界。

　　研究新型鞣劑，絕大部分的工作都要在實驗基地和工廠完成。為了不影響學業，那幾年，林煒利用寒暑假的時間，參觀考察或實習了二十多個製革廠和化工廠，連續幾個假期都泡在工廠，和工人一起吃、住。皮革廠通常都建在遠離城市的鄉村，工作環境和生活環境都很差，尤其是在製革工廠，溼度高，地上到處都是汙水。一到夏天，又潮又悶又薰

人，那種滋味，簡直難受死人。可是林煒不在乎，抓起那些血糊糊的生皮，心裡雖然抗拒，卻依然堅持進行實驗。泡過的豬皮、牛皮都很重，實驗時要消耗很多體力，男人都喊吃不消、不想做。但林煒這樣一個弱女子，還是照樣做下去。不認識她的工人還以為她是工廠裡新來的學徒。林煒的吃苦實作精神感動了許多人，他們嘖嘖稱讚：「這個小女孩真能吃苦，不簡單。」

歷經上千次艱苦的實驗，1996 年 3 月，林煒的新型鉻鞣劑 KMRC 終於問世了。這項科學研究成果解決了困擾皮革業多年的污染問題，而且相較中國國內同類型的名牌產品，品質更好，甚至與德國拜耳公司的高吸收性鉻鞣劑相比也高出一籌。所以就在同年 6 月，被紅礬母液和鉻酐下腳料污染物困擾多年的重慶農藥化工集團公司聽說林煒的成果，找上林煒，馬上開始生產她研發出的新產品，至 1997 年 6 月，該廠試賣賣出了 800 噸鉻鞣劑，利潤 240 萬元人民幣，節能、環保也有所成效，一舉多得。

1997 年 11 月，在南京理工大學舉行的第 5 屆「挑戰盃」全國大學生課外學術科學技術作品競賽中，林煒獲得了一等獎。當時南京和濟南的兩家化工廠也相中了林煒的成果，意欲高價洽購時，原本只想出 400 萬元買斷這項成果的重慶農藥化工集團，一舉用 700 萬元的高價獨家買斷，可謂志在必

得。需要說明的是,「700 萬元」並不是憑空訂出的,它是以廠方年產 10,000 噸該產品,所得利潤的 1/5 到 1/3 估算的。而據重慶農藥化工集團的副總經理楊世倫介紹:「全國每年 KMRC 鉻鞣粉劑的市場需求量至少 40,000 噸,每賣一噸,起碼有 2,000 元利潤,隨著環保政策日益嚴格,KMRC 鉻鞣粉劑的市場需求量會更大。」

自學成材的典範馬修・巴雷特

馬修・巴雷特是蒙特婁銀行董事長,在國際金融界堪稱是自學成材的典範。他雖然與歐美的高等學府無緣,但其在加拿大銀行業的建樹使他名聲顯赫,他的成長道路也頗富傳奇色彩。

馬修・巴雷特(Matthew Barrett)於西元 1944 年 9 月出生在島國愛爾蘭。18 歲那年,他離開故土到倫敦謀生,在蒙特婁銀行滑鐵盧廣場分行當一名小職員。5 年學徒期過後,他被調往加拿大蒙特婁銀行總行工作。俗話說,十年磨一劍。幾年的風風雨雨,數載的孤燈伴卷,多少艱辛,多少汗水。經過刻苦自學,酷愛讀書的巴雷特在 1978 年憑著豐富的經驗和扎實的功底升任管理服務部經理,當然,在美國哈佛大學商學院為期半年的高級管理課程,也為他從事管理工作

打下了扎實的基礎。

在歐美銀行界，一個人的資歷在根本上影響其升遷。雖然說機會面前人人平等，但無形的等級制度，就算是天才，也得一級一級往上走。巴雷特從 1979 年到 1987 年的 8 年時間裡，先後擔任過不列顛哥倫比亞部副總裁、安大略東北部地區高級副總裁、國際業務部高級副總裁、資金部高級副總裁和零售業務部執行副總裁。人們常說，是金子總會發光。1987 年，43 歲的巴雷特擔起了執行長的重任。1989 年任執行長，1990 年任董事長兼執行長。

升任主管之後，巴雷特對於如何領導一家大銀行，有著自己獨到的見解。自 1989 年到 1996 年，在巴雷特的領導下，蒙特婁銀行年年創下盈利紀錄。1995 年，巴雷特被加拿大新聞界評為「本年度執行長」，以表彰他領導的銀行為提高加拿大全球競爭力所做出的傑出貢獻，並對他本人所具有的策略眼光、領導才能和革新精神等優秀才能給予肯定。然而，巴雷特卻說：「如今人人都關心利潤，可利潤只是一個結果，它並不是生存的全部意義。」

他認為銀行的宗旨是為股東盡心盡責，為顧客和行員的利益服務、為整個社會服務。這種觀點在一般人看來有點老派，因為這和銀行的根本目的：最大化盈利的古老概念格格不入。他做事的方法與其他銀行家迥然不同，1990 年代初、

他率先降低銀行貸款利率，這一舉動不僅使得蒙特婁銀行的形象在顧客的心目中大放異彩，也強化了巴雷特「改革先驅者」的形象，蒙特婁銀行也從中獲利頗豐。

幾十年的自學使他練就了厚實的基本功。經過不斷的讀書和深入思考，他常常語出驚人。雖然有人對他在講臺上的熱情洋溢頗有微詞，但他超群的演講才能卻很少有人能出其右。穆爾赫蘭（巴雷特的前任）說：「他有著出眾的交談技巧並能熟練運用這些技巧。」

巴雷特知人善任，下屬對他也是絕對的忠誠。他的管理方法可以說是簡政放權，用人方針是疑人不用，用人不疑。他說：「我給能人一塊田地，讓他們自由耕種。」看到一份100 萬美元的貸款協議竟然有 18 個簽名時，他認為批准程式過於繁瑣，說：「我只看最終負責人的簽字就行了。」

制定發展策略歷就來是銀行的一項重要工作。巴雷特在制定發展策略時採取集思廣益的辦法，他把人文學家、社會學家、人口統計學家都邀請來，為自己和其他高層人員講課，以豐富想像，開闊視野。他戲稱之為「環境掃描」。

他酷愛讀書，堅信開卷有益的箴言。即使在休假時，他也熬夜讀書，常常「像飢餓的人撲向麵包一樣」。在公開評論加拿大立憲問題之前，他幾乎讀遍了關於加拿大歷史的文件和書籍。蒙特婁銀行的首席經濟學家亞特金森說：「他雖

然沒有接受過正規教育，但他是我所認識的人中教育程度最好的人。」

巴雷特認為金融服務業的多樣化和寬鬆式管理是一股不可阻擋的潮流：「我個人認為銀行的作用將會是高度多樣化，只有在多樣化的範圍內，才能形成銀行內部良好的互動循環。」正是在巴雷特這一個想法的帶領下，蒙特婁銀行開始在仲介服務方面大舉投資。1994 年，該行將伯恩斯富來公司據為己有，接著將該公司與內斯比湯姆森公司合併，從而創立加拿大最大的投資仲介公司內斯比伯恩斯。

巴雷特的眼睛還盯著保險市場，雖然蒙特婁銀行不像加拿大帝國商業銀行那樣大力出售汽車保險和人壽保險，但巴雷特像草原上的狼一樣睜大眼睛等待時機。他的話擲地有聲：「我們並非不願意做，我們有自己的計畫。我們做了一百七十多年的傳統銀行業務，我們還有很多的地方可以改進，可以有所作為。我從來不會讓一個競爭夥伴在某個方面取得實質性的優勢，我們會做保險業務，要讓對手的優勢化為烏有。」

巴雷特看人不單憑簡單的工作成績，他更看重的是一個人的人格特質，如好奇心、逆向思考能力以及好學上進心等等，因為他自己就是這樣的人。

巴雷特深知，做好一家銀行，僅憑一個人是絕對不行

的。「我經常開玩笑說,在蒙特婁銀行有一個集體決策委員會。因為三個臭皮匠勝過一個諸葛亮。」他說,「身為執行長,就應人盡其長,站在最頂端的人只需為公司勾勒出一幅美景,然後讓人人都欣賞它,實現它。」

巴雷特就是這樣的一個人,一位孜孜不倦的學習者。只要你具備與巴雷特一樣永不放棄、學無止境的學習精神,你也就擁有一種成功的本錢。其實,不管你是誰,只要你不斷學習,勤奮學習,你也能自學成材,你也能成為未來的成功者。

亞洲數位英雄孫正義

「20 歲時打出自己的旗號;30 歲時儲備最少 1,000 億日元的資金;40 歲時決一勝負;50 歲時完成大業(營業額達 1,000 億日元);60 歲時將事業傳給下一代。」這就是日本最大的軟體銷售公司創始人孫正義在 19 歲時立下的人生 50 年計畫。孫正義和他的事業發展至今,使人們不能簡單地把這些話歸結為少年狂妄:40 歲的孫正義已完成了他人生計畫的一半。

西元 1980 年,孫正義在美國大學畢業後,為了實現自己的人生計畫,回到了日本九州,並於西元 1981 年創辦軟銀公司(SoftBank Corp.)。創業之初,困難重重。借了別人公司

的一個房間，外加兩張桌子，軟銀公司就這樣開始了。孫正義僱用了他回國以後幫他做市場調查的兩個人，公司雖小，但野心卻極大。軟銀成立的第一天早上，孫正義便站在一個蘋果箱上對兩名下屬慷慨激昂談起了自己的夢想：「5 年以內銷售規模達到 100 億日元，10 年以內達到 500 億日元，要使公司發展成為幾萬億日元、幾萬人規模的公司。」兩名下屬被嚇走了。

　　一個月後，在大阪舉辦的電子產品展售會上，軟銀公司拿出資本額中的 80% 租下了會場最大、距入口最近的展廳。孫正義將展廳免費提供給各軟體生產公司，吸引了十幾家公司參展，產生了相當大的影響。之後，孫正義成功和當時日本最大的電腦銷售商 —— 上新電機公司和最大的軟體製造商 —— 哈德森公司簽訂了獨家代理合約，軟銀公司的業務從此迅速擴展，短短幾個月就成為日本最大的軟體經銷商，控制著日本軟體市場的 40% 的市占率。1996 年，軟銀的總收入達到 31 億美元。

　　孫正義總是能夠把所有引起他注意的東西追到手。1995年初以來，他走遍美國矽谷，尋找有前景的網路新辦企業。

　　依靠由公司經營的風險資本基金以及軟銀公司本身，他已在 55 家新成立的網路公司中投入了 3.5 億美元，其中包括 Yahoo。孫正義在 Yahoo 股上市之前，獲得了該公司 37% 的股份。孫正義並非想弄一筆來得容易的錢財，而是看到了軟

銀公司對類似 Yahoo 的公司進行投資、與公司其他業務之間的協同效應。

在亞洲投資者的支持下，孫正義單獨籌到 5 億美元，作為網路活動基金。他對自己在投資上的敏銳眼光信心十足，甚至用自家的 5 億美元做抵押以保證投資者的本金不受損失。當然，他還將從投資中提取 5% 的管理費和百分之 35% 的資本收益。而大多數商業基金的資本收益提取率是 25%。

完成這些之後，孫正義期待著一家能合作的公司一起來開創資訊市場。他積累的財富部分得益於在自己的電腦雜誌上為自己的銷售產品大作廣告。他看到了網路交叉促銷的無限商機。他收購了美國的網路公司（USWeb），該公司的任務是協助各家公司建立網路商店。它傑出的連結技術恰到好處的混淆了編輯內容與廣告之間的界線，使得引導消費者由觀看產品到尋找廣告再到網路商店變得容易起來，而軟銀公司則在每一站收取一筆費用。

孫正義稱，軟銀公司在 5 年後由網路創造的利潤將占公司利潤總額的 30%，之後 10 年將占到 50%。

軟銀公司是集高技術出版、展示會、軟體經銷和設計等多家公司於一身的集合體。自 1994 年公開上市以來，公司股價已暴增 200%，每股售價達 160 美元。孫正義占有將近一半的股份，合 35 億美元，這使他成為日本最富有的企業家之

一。他很自豪的說：「我大概是日本第四位巨富。但其他三位都可能從前輩那裡繼承了房地產業。」

軟銀公司目前如日中天，有廣闊的發展前景，自創業起20年，年輕的孫正義已是擁有4,000億日元個人資產的大富豪，能取得如此輝煌的業績，要歸功於他不懈的努力以及親友的協助。

 **知識創業**

白手起家

　　「白手起家」顧名思義，即手是空的，資金相對較少，但是操作者的腦子裡必須富有知識和智慧。因為他人是用手裡的資金去賺錢，白手起家者則用自己腦中的知識、智慧去致富。因此，唯有眼光敏銳、頭腦靈活、經驗豐富、膽識過人四點集於一身，才能靠白手起家謀富制勝。

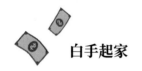 白手起家

福勒神話般的創業史

母親的觀念在小福勒的心靈深處刻下了深深的烙印，為他點明了奮鬥的方向。他產生了強烈的致富的願望，於是便創造了白手起家的神話。

福勒是美國路易斯安那州一個黑人佃農的七個孩子其中一個。他在五歲時開始工作，不到九歲，就以趕騾子為生。這並不是什麼特殊的事，大多數佃農的孩子都是很早就開始工作的。這些家庭認為他們的貧窮是命中注定的，是上帝的安排，所以，他們沒有改變現狀的意願和行動。

小福勒有一點不同於身邊的小朋友們，那就是他有一位不尋常的母親。他母親的不尋常之處，就在於她對「貧窮是由於上帝」的「真理」產生了懷疑。她對兒子說：「福勒，我們不應該是貧窮的。我不願意聽到你說：『我們的貧窮是上帝的意願』，我們的貧窮不是由於上帝的緣故，而是因為你的父親從來就沒有產生過致富的想法。我們家庭中的任何人都沒有出人頭地的野心。孩子，靠你的一雙手和一個腦袋，我們一定能白手起家……」

「沒有人產生過致富的想法。」「我們一定能白手起家。」這兩個觀念在福勒的心靈深處刻下了深深的烙印，以致改變了他一生的方向。他開始想走上致富之路，於是便開啟了神

話般的創業史。

福勒總是把他所需要的東西放在心上，而把他不需要的東西拋到九霄雲外。如此一來，他的致富火花就不停迸發出來。他最終決定把經商作為致富的捷徑。他選定的經營項目是推銷肥皂，一日，那家公司即將拍賣出售，售價是 15 萬美元。福勒想買下那家公司，但他沒有本錢。12 年零售肥皂只賺了 25,000 美元。而此刻福勒構思了一個相當具有冒險精神的白手起家計畫。他找上這家公司的總裁，對他說，他打算買下這家公司，先交 25,000 美元的保證金，然後 10 天內付清餘款 125,000 美元。如果 10 天之內他無法籌到這筆巨款，他的保證金歸公司所有。

於是福勒開始了緊張困難的籌款工作。他向親戚籌措，向銀行貸款，向高利貸者貸款，向投資公司尋求援助。在第十天的前一夜，他總共籌得了 115,000 美元，也就是說，一切方法都用完了，還差 10,000 美元。

福勒事後回憶說：「當時我已用盡了我所知道的一切資金來源。那時已是沉沉深夜，我在幽暗的房間裡，跪下來禱告，我祈求上帝領我去見一個能及時借我 10,000 美元的人。我自言自語說，「我要開車走遍第 61 號大街，直到我在一棟商業大樓裡看到第一道燈光。」

深夜 11 點，福勒開車沿芝加哥 61 號大街駛去。駛過幾

白手起家

個街區後，他看見一個承包商事務所亮著燈光。

他走了進去。在那裡，一張書桌前正坐著一個因深夜工作而顯得疲憊的人，福勒和他似乎見過面。福勒覺得自己必須勇敢一點。

「你想在一個月內賺 10,000 美元嗎？」福勒直截了當問道。

這句話使得承包商吃驚的向後仰。「是呀！當然啦！」他下意識答道。

「那麼，開一張一萬美元的支票給我，一個月後，當我奉還這筆借款時，我將另付 10,000 美元的利息。」福勒對那個人說。他把其他借款人的名單和數目給這位承包商看，並且詳細向他解釋了這次商業冒險的來龍去脈。

後面的事情大家都能想像到：福勒得到了這最後一筆差點讓他完蛋的借款。一年內，他除了還清全部借款和利息外，還盈利 100,000 美元。

「白手起家」的神話，就是這樣變成了現實。

丹尼爾‧路德維希奇計致富

一個一無所有的窮小子，憑藉著自己獨特的創意、精心的策劃、完美的操作和具體的實施，巧妙借助他人的財力、物力，為自己謀得財富。

丹尼爾‧路德維希（Daniel Keith Ludwig）是靠「借錢」來發展他的事業的。路德維希打算借錢把一艘貨船買下來，再改裝成油輪，因為載油比載貨更有利可圖。他到紐約去找幾家銀行談借錢的事，人家看了看他那磨破了的襯衫領子，又見他沒有什麼東西可做抵押，都拒絕借錢給他。路德維希來到大通銀行（Chase Bank），對大通銀行的總裁說，他把貨輪買下後，會立即改裝成油輪，他已經把這艘尚未買下的船租給了一家石油公司。石油公司每月付的租金，正好可以每月分期還清他要借的這筆款項。他建議他們把契約交給銀行，由銀行去跟那家石油公司收租金，這樣就等於是在分期還款。

大通銀行的總裁聽了路德維希這番奇怪的言論後，心想：路德維希一文不名，也許沒有什麼信用可言，但是那家石油公司的信用卻是可靠的。拿著他的租賃契約去向石油公司按月收錢，這當然十分穩當，不也等於收回了分期付款？除非有預料不到的重大經濟災難發生。且退一步而言，假如路德維希把貨輪改裝成油輪的做法失敗了，只要這艘船和石油公

司還存在，銀行就不怕收不到錢。

　　大通銀行同意把這筆錢借給路德維希，路德維希買下了他所要的舊貨船，改裝成了油輪，租了出去。然後又利用這艘船作抵押來借另一筆款項，從而再買一艘船。路德維希的精明之處在於利用那家石油公司的信用來增強自己的信用。

　　這種情形持續了幾年，每當一筆債付清之後，路德維希就成了這艘船的主人，租金不再被銀行拿走，而是放入他自己的口袋。

　　後來路德維希又準備著手經營造船公司。每當他設計一艘油輪或其他用途的船隻，在還沒有開工建造的時候，就先與人簽約，願意在船完工的時候把它租出去。路德維希拿著船租契約，到一家銀行去借錢造船。這種借款是延期分期攤還的方式，銀行還要在船下水之後，才能開始收錢。船一下水，租費就可轉讓給銀行，於是這筆貸款就像上面所介紹的方式一樣，付清了。等到一切手續辦妥，路德維希就成了當然的船主，可是他當初一毛錢也沒花。

　　當路德維希「發明」這種貸款方式暢通後，他先後租借別人的碼頭和船塢，繼而借銀行的錢建造自己的船。就這樣，路德維希有了自己的造船公司。在第二次世界大戰期間，美國政府購買了路德維希所建造的每一艘船，他的造船公司就這樣迅速發展起來。

「撿」出一家工廠

溫州人很精明，說中國最會經商的人在溫州，此言不假。說中國最會無本生財的人在溫州，也不假。溫州人最善於無本生財，在這方面，有許多生動、誘人的例子。就連撿破爛，也撿得有特色。

溫州人李昊，如今已擁有 8,000 多萬人民幣的資產，當初他卻一無所有，窮得連一件像樣的衣服也沒有。看到別人做生意、賺大錢，過上好日子的時候，他羨慕極了，但自己沒有本錢，怎麼辦呢？左思右想，毫無辦法，他就到處閒逛，看看有沒有出路。這一走，就走出一條路來了。

他發現，都市人開始講究生活品質了，家中都布置得很好，每天都要清潔打掃。比如說拖地，用一塊抹布擦，很費時費力，如果改用棉質拖把，那就方便簡單多了。製作棉拖把有什麼難呢？於是，他四去打聽，看看能否弄到一些材料，結果，他在一家大紡織廠的垃圾堆裡，撿回了許多工廠丟棄的碎棉布條。他便將它們分別整理出來，紮成各種拖把。他拿到街上試賣，每把可以賣到 2 元人民幣。對，就從這個無本生意做起。於是，他便放手做了。一年之後，他居然累積了 5,000 多元。

有了這 5,000 多元，他便思考，怎樣才能快速致富呢？

想來想去，還是覺得利用廢棄材料這一行很有前途。於是，他又改變了只製作拖把的單一生產方針，用已有的資金，購買了縫紉機。他把撿來的破碎棉布中稍大的布塊，拼縫成童裝，較小塊的，便紮成拖把。這樣做了半年之後，賺了50,000多元。

這時候，李昊的眼光放得更遠了。

他看準了市場上毛毯熱銷這一點，專門從上海、杭州等大城市的紡織廠、化學纖維廠中收購各種邊角料，花費的資金並不多，運回來後，篩選分類，那些大塊的製作成童裝，小塊的，不再製作拖把，而是剝理成絲，紡成絲線，編織成各種毛毯、或者掛毯。

童裝之類的產品，每件的成本相當低廉，原材料成本連同人力及各項開支算進去，也不過3到4元，而大宗批發收購通常都在10元以上。

那些用彩色化纖邊角料編織而成的毛毯，則色彩鮮豔，構圖巧妙，又結實密匝，因此，深受買家歡迎。產品銷往中國國內十幾個省。

嘗到甜頭後，李昊又擴大投資，擴大生產規模，除了生產加工童裝、毛毯之外，他還把業務擴展到飲食業上來。一年之後，他又開始涉足家電產業。當時，家電市場正在起步，李昊便率先行動，專營日本進口原裝產品，很快，便發了大財，一躍成為千萬富翁。

角榮赤手空拳打天下

> 角榮先生本來一無所有，經過十年的奮鬥，終於成為著
> 名的建築企業家，被譽為赤手空拳打天下的英雄。

創業之初，田中角榮經歷了許多困難，自己沒有資金，多方借貸也都被拒絕。沮喪之餘，角榮開始專心思考「沒有資金賺大錢」的可行性。

人們常說，置之死地而後生，是說在絕望的境地裡，反而能激發出最好的解決方法。角榮就是這樣，坐在他狹小簡陋的房間裡，冥思苦想，終於想到了好辦法 —— 預約銷售法。

當時，角榮從朋友那裡無意中聽來一個消息，說有家地產開發商想出售一片山坡上的木材，好將土地另作他用。這個機會很不錯，正是角榮實現那個預約銷售法的契機。

於是角榮開始四處奔走，替那位地產開發商物色買主。「那座山上的木材約值 100 萬日元以上，主人有意 80 萬元出手，請讓我買下它，保證兩個月內賺一成。超出部分歸我，如果賺不到一成，我負責賠償。」角榮對那些有可能成為買主的人這樣說。

皇天不負苦心人，角榮終於找到一個買主，雙方買賣成交後，角榮又負責木材銷售，憑藉他的勤奮、不怕吃苦的精

神，竟然又以 2 倍的價格將木材脫手，所得利潤自然可觀，而且沒有一絲一毫的投機取巧。

對於那個委託人來說，兩個月就有一成利潤，比銀行存款利息高得多，何樂而不為呢？

這種交易的關鍵是經營者要有良好的信譽、及有人替你擔保，有了這兩個條件，只要誠懇待人、不辭辛勞，收穫肯定很豐盛。

角榮後來就得心應手多了，他又連續做成了幾筆這樣的交易。

角榮是個善於動腦筋的人，後來的交易也就越來越精明，很快就累積了一筆相當可觀的財富。他利用這筆財富投資建築業，規模日益擴大，成為當今日本建築業的佼佼者。

之後只要有機會，角榮仍然會從事這一類經營，只是目的稍有不同罷了。早年僅僅是為了累積錢財，後來則更主要是為了體會成功的樂趣。

更何況，建築業中更盛行預約銷售法，大批的預售屋都是透過這種方法出售的。

角榮先生自然深諳此道。

「倒爺」的致富策略

> 代銷代購，最常見的手法就是以消息流通為本，透過市
> 場調查，利用時間差、地區差、價格差，來推銷、積
> 壓、或滯銷產品，達到謀利的目的。學生趙偉小試牛
> 刀，一發而不可收拾，於是，一個服裝界「空手致富」
> 的故事就這樣誕生了。

趙偉在溫州土生土長，那年高考，他以全縣最高分考上了北京的一所一流大學。因為家窮，他一到京城就開始想著要做一些生意，補貼學費、生活費。溫州人精明的頭腦在趙偉身上表現得相當明顯。一個學期之後，他對北京的服裝產業有了足夠的了解，便決定做一次「倒爺」（從事商品轉賣的人）。寒假結束後，他便與一些產品滯銷的服裝廠聯絡，帶著兩大袋的牛仔褲，拿到北京投石問路，探探行情。

起初，趙偉沒有把握，只權作試一試水溫。因為這是廠商的試賣樣品，既不用先付款，作工又特別好，所以他一到學校，便在校園裡兜售了起來。

「多少錢？」趙偉的同學問了。

「12，朋友價10元。」

這種價格在北京無法想像。因為市面上，同樣作工、同樣材質的，少說也要20元人民幣。

第二天開始，趙偉便利用課餘時間，開始走出校門，到別的學校去推銷。

每天，到了一個學校，他一進校門便直奔宿舍，直接開賣，每次都開價 18 元，比市價便宜 2 元，然後雙方商量，討價還價，通常砍到 15 元為底價，因為這已比市價便宜 5 元多。

等兩大袋的牛仔褲全部賣完，一算之下，居然賺了 1,800多元人民幣，扣除應支付廠商的出廠價成本，淨賺了 1,000元！每條牛仔褲的平均利潤，在 150% 以上。

牛刀小試，就如此驚人，趙偉此時此刻已明白了向別人推銷產品有什麼好處。尤其是廠商的滯銷產品，只憑同鄉關係，就可以先拿貨、後付款，賣完後結算。這不是無本生意嗎？何樂而不為呢？於是，他決定充分利用課餘時間，大賺一票。

要做大的，就不能再這樣像小販似的穿街走巷推銷了，要批發，成捆成包的出手，才能大賺。因此，他有空就逛服裝市場，逢攤遇店就問，也不管別人歡不歡迎，即使遭人冷眼相看，也毫不在乎。因為趙偉在尋找目標，而不是來買衣服的。

經過幾個星期的走訪之後，趙偉對服裝產業有了更深入的了解。他便以小老闆身分，與商家們聊起生意經來了。他還特地花錢，印一盒相當精緻的名片，打上家鄉溫州某某服裝加工廠，駐北京辦事處主任的頭銜。這一招果然奏效，不僅從這幫服裝轉售商人們的口中挖出了不少訊息，還與一位財大氣粗的

攤販很聊得來。二人一拍即合，合夥聯手大肆批發牛仔褲。

　　趙偉儼然以辦事處主任的身分，與攤販談服裝的款式、價格、數量、出貨時間等等。等一切都談妥，簽訂了合約之後，他便發電報給溫州那家服裝廠，要工廠火速出貨送過來，越快就好。服裝廠沒料到趙偉這麼有能力，喜不自禁，立刻批發了大宗牛仔褲。貨到了，趙偉便拿著提貨單和銷售合約，找上攤販，一手交錢一手交貨，他便大大賺了一筆。而這宗牛仔褲，因為設計與眾不同，作工也相當出眾，一上攤，就被眾多小商家一搶而空。那位合夥攤販也誇趙偉有眼力，表示願意繼續合作。

　　光靠這樁生意，趙偉便賺到了六位數的存款，他嘗到了甜頭。

地產大王唐納‧川普

　　美國地產大王唐納‧川普（Donald Trump），是擁有數十億資產的超級富豪，更是第 45 任美國總統。他的商業成就之強大，在全世界能與他並肩的人屈指可數，比如在紐約興建的川普住宅大廈，樓高 58 層，成為許多富豪的樂園。如今，川普擁有數量龐大的房地產，著名的如巨型百貨公司、五星級酒店、賭場等等，多得難以勝數，他今日的成就，是怎樣拚來的呢？

白手起家

西元 1964 年，俄亥俄州辛辛那提市有一個平民住宅區，因為房屋過於破舊、沒人承租而收不到房租，業主只好宣告破產。當這個平民住宅區在村裡跳樓大拍賣時，居然無人問津。因此，原業主十分苦惱，正在尋求買家，想將破房子脫手。

機會難得。川普獨具慧眼，認為這個地方一定會有厚利可圖。於是他向銀行貸款，買下了這個平民住宅區。

買下之後，川普又詳細分析了原業主經營失敗的原因，並一一加以改進。為了使房產增值，他又以這些房屋作為抵押，再次貸款，投資在修整改建上。之後，他將這些房屋出售。

一年後，川普淨賺了超過 500 萬美元。

第一次得手之後，川普對這一行更有信心了。於是，他又不停尋找機會，伺機再展宏圖。

1973 年，川普在看報紙時發現了一個消息：賓州中央鐵路公司因為入不敷出，申請破產、無法運作，因此要將低價拍賣金庫多酒店。當時，金庫多酒店所處的地段相當值錢，拍賣的消息傳出後，眾多房地產商人都踴躍爭購，但一看到價碼便退縮了。川普卻沒有退縮，他認為這個酒店位於黃金地段，一流的位置必然會帶來一流的商業利益，因此，他便毫不猶豫向銀行貸款 1,000 萬美元，一舉收購了酒店。

之後，他又以酒店物業作抵押保證，再度舉貸 8,000 多萬美元，對金庫多酒店進行全方位的改建裝修。一年後，酒店裝修完畢，對外營業。每年淨利潤就超過 3,000 萬美元。3 年後，還清了全部貸款，之後，酒店便利如江水滾滾而來。

由於兩次成功憑空致富，川普一下子就從一個一無所有的年輕人變成了超級億萬富翁。

當時，他才 30 多歲。

圖德拉「循環交易」漁利

> 委內瑞拉有個叫圖德拉的工程師，他想做石油生意，雖然一來沒有人脈，二來沒有資金，但他消息靈通，思緒敏捷，行動果斷，這就使他掌握了「命運之舟」。

圖德拉先來到阿根廷，得知當地牛肉生產過剩，但石油製品略為緊缺，他就與相關貿易公司洽談業務。

「我願意購買 2,000 萬美元的牛肉。」圖德拉說，「條件是，你們跟我買 2,000 萬美元的丁烷。」

因為圖德拉知道阿根廷正需要丁烷，所以正是投其所好，雙方的買賣很順利的定了下來。

他接著又來到西班牙，對一個造船廠提出：「我願意向貴廠訂購一艘 2,000 萬美元的超級油輪。」

　　那家造船廠正因為沒有人訂貨而煩惱，當然非常歡迎。圖德拉又話頭一轉：「條件是，你們要買我 2,000 萬美元的阿根廷牛肉。」

　　牛肉是西班牙居民的日常消費品，況且阿根廷正是世界各地牛肉的主要供應基地，造船廠何樂而不為呢？於是雙方簽下了這個買賣。

　　圖德拉又到中東地區，找到一家石油公司，提出：「我願意購買 2,000 萬美元的丁烷。」

　　石油公司見有大筆生意可做，當然非常願意。圖德拉又話鋒一轉：「條件是，你們的石油必須租下我在西班牙建造的超級油輪來運輸。」在原產地，石油的價格是比較低廉的，貴就貴在運輸費上，難就難在找不到運輸工具，所以石油公司也滿口答應，彼此又簽訂了一份買賣契約。

　　三個契約書變成了一個循環，由於圖德拉的周旋，阿根廷、西班牙、中東國家都取得了自己需要的東西，又賣出了自己亟欲銷售的產品，圖德拉也從中獲取了巨額利潤。仔細算起來，這筆利潤實質上是以運輸費填補油輪的造價，三筆生意全部完成後，這艘油輪就歸他所有，有了油輪，就可以大做石油生意，這一切終於使圖德拉如願以償。

巧用時間差

巧用時間差是最常見的「空手致富」的方式。巧用時間
差就是藉著協議、合約等有效手段，將操縱權掌握在自
己手中，然後在合約、協議規定的時間內，利用不同合
約上的時間差來巧妙籌劃，這樣可以少花錢、甚至不花
錢就賺到一筆財富。

西元 1987 年，楊義辭掉國中教師的工作，與另一位同
學到商界闖蕩，在某個小企業做推銷員。2 年後，他賺到了
50,000 元人民幣。但他沒有滿足，他在尋找著機會。有一
天，他辦事路過北京前門大街，在一座獨棟房屋前，被一則
招租啟事吸引了目光。啟事上說，產權擁有者要將這幢破舊
的獨棟房屋出租，年租金 40 萬人民幣，租金一次付清。前門
是北京最繁華、人流量最大的地段之一。在這個地段擁有一
家店，就代表著擁有一棵搖錢樹。楊義看中了這棟樓，但被
它昂貴的租金、苛刻的付款方式難倒了。此時，他的 50,000
元只是年租金的 1/8。想借，但來北京才 2 年，舉目無親，也
沒有一個有錢的朋友，何處可借？想貸，但要是能貸到款，
何必還來北京闖天下？

首先，他找上房東，把 50,000 元交給房東作為定金，租
下了這座空樓。他與房東簽訂契約，契約規定：45 天內，楊

義把年租金40萬繳清，若45天拿不出租金，房東沒收定金，房子另外租給他人。

租房協議簽訂後，他找到一家裝潢公司，憑著租房契約，他與裝潢公司簽訂整修契約。契約規定裝潢公司在25天內按楊義的設計想法把房子整修完成，45天後，付裝修費。

接著，他憑著租房契約和裝修契約，與五家商場簽訂賒銷契約。又以賒帳的方式買齊了地毯、桌椅、廚房用具、卡拉OK設備等，其總價和裝修費用達70萬元。整修後的屋子，變成了一個中價位飯店。與此同時，楊義四處張貼招租廣告，在不到20天的時間裡，有20多位有意者前來洽談，最終，他以140萬的價格轉租出去。這樣一來，他還清欠款後，就淨賺了30萬元。他收到140萬租金時，離他付房東租金的時間僅僅只有3天，如果再過3天，沒有付房東租金，就前功盡棄，不只賠了辛辛苦苦賺來的50,000元，還要欠70萬元的債務。這是險招，稍有不慎，就會全軍覆沒。

見村善三無本生利

你相信嗎？身上既無分文、又沒土地的一個窮光蛋，居
然能一躍成為房地產開發公司的董事長。這不是神話，
日本的見村善三就是如此。

為了開發房地產，為當地、也為自己謀取利益，見村善
三專門對土地作了深入的調查：工業化的社會真是一寸土地
一寸金。昂貴的地價使許多想投資的人畏縮不前。然而他發
現，在都市之外，不是全部的土地都昂貴得嚇人，也有比較
便宜的。它們可能是被別人的土地圍起來的「死地」，或是
交通不便的僻地，或是賣不出去的廢地，這些都是值得開發
利用的。於是他的腦海裡便逐漸形成一個絕妙的「借雞生
蛋」的計畫：借用這些廉價土地，租給需要開工廠而缺乏廠
房的人。

說做就做，見村善三一一訪問了廉價土地的主人，向他
們提出改造和利用的計畫：他們不必賣出土地，由見村善三
負責在土地上面建造廠房，租給企業家。土地主人則可以靠
著見村善三，每月坐收比單純出租土地還高 10 倍的租金，土
地主人聽到這些誘人的條件，沒有一個不舉雙手贊成的。

土地問題解決了，就要找需要廠房的企業家。見村善三
立即成立見村地產開發公司，積極開展、推銷業務。在廉價

白手起家

工地建造的廠房，租金比熱鬧的地段便宜得多，要找到雇主不太困難。見村很快就確定了自己、土地主人、企業家三方的利益分配關係：見村善三從租用廠房的企業家手中收取租金，扣除租用工地的代辦費和廠房分攤的償還金，所剩即為土地主人的收入，換句話說，廠房租金和土地主人租金的差額，除去蓋廠房的費用，所剩的代辦費等，即為見村善三的收益。土地主人、企業家覺得此分配方案既合理又誘人，很快就與見村善三談妥簽約。之後，見村善三便向銀行貸款，開始建設廠房，並嚴格遵守到期歸還貸款及利息的規定。

不出見村善三所料，這樣的行動不但為土地主人、企業家、銀行和自己帶來利益，還給當地帶來了繁榮，因而得到社會各界的大力支持和贊助，見村地產開發公司業務的發展極為迅速。光是代辦費一年就達 20 多億日元。資金變得雄厚，見村善三不再需要貸款了。由於企業家和土地主人紛紛上門洽談業務，見村善三抓住時機，從建設小廠房發展為建設大廠房，進而開始營建起占地廣闊的工業區。就這樣，借雞生蛋、無本生利，加上經營得宜，見村善三成了一個大富翁。

富豪歐納西斯的致富祕訣

想要成功，有時就必須勇於冒險、勇於做別人不敢做的
事情。歐納西斯就是這樣的一個人，在奮鬥後，他從一
個雙手空空的電焊工變成了世界超級富豪之一。

西元 1922 年，以難民身分進入希臘國土的歐納西斯
（Aristotle Onassis）身無分文，工作找不到，棲身之處亦無著
落，真是度日艱難。趁著在一艘舊貨船上工作的機會，當船
停泊在阿根廷首都港口的時候，歐納西斯開溜了，從此開始
了他轟轟烈烈的創業生涯。

歐納西斯原先在阿根廷的一家電話公司當一名電焊工。
他每天工作 16 個小時以上，還經常通宵達旦加班，在貧困中
長大的他，到了希臘也捨不得多花一分錢，不久，便存到了
一筆錢。隨後他開始從事菸草生意，很快累積了一筆資金，
經營頭腦和眼光也隨之變得成熟和敏銳。他決定到其他人一
無所獲的地方去賺錢。當他稍稍站穩腳跟、正要發展的時
候，震驚世界的經濟大蕭條襲來了。

在充滿了恐慌的世界災難之中，歐納西斯以他過人的勇
氣和眼光，把財力投資在經濟大蕭條中普遍被認為最不景氣
的產業：海上運輸。當時全世界的貿易陷入癱瘓，而海上貿
易則瀕臨死亡。1931 年的海運量僅有 1928 年的 1/3 左右。

 **白手起家**

當加拿大國營鐵路公司被迫出售它的一部份資產時，歐納西斯得知該處有 6 艘船即將出售，這些船在 10 年前的價格是每艘 200 萬美元，而現在則只賣 2 萬美元。歐納西斯急忙趕到加拿大，買下了這 6 艘船。這種孤注一擲的投資令人訝異，而他卻深信這麼做值得，一旦時勢變化，投資會賺回本，利潤更會滾滾而來。

果然，第二次世界大戰爆發了，在國際情勢下，運輸業復甦並興盛起來。這項明智而果斷的投資見效了，6 艘貨船頓時成為行走的金礦。歐納西斯驟然成為一個擁有「制海權」的希臘海運王者。別人不做的他做了，別人賺不到的錢他賺了，而且賺了個夠！不久，他把自己企業的總部遷到美國紐約。

第二次世界大戰後，當別人又對海運業憂心忡忡、舉棋不定時，歐納西斯又以他的明智和魄力投資於油輪，其速度相當驚人。二戰前，他的油輪的總噸位是 10,000 噸，而到了 1975 年時，他已擁有 45 艘油輪，其中 15 艘是 20 萬噸以上的超級油輪！這時與他身為難民的 1922 年相隔了 53 年。就是這個當年的窮小子、日薪 22 美分的歐納西斯，成為了世界超級富豪之一。他除了那些貨船、油輪，還有 10 家造船廠、100 多家公司、航空公司，以及眾多地產、礦山，財產的總額達數十億美元！

不普通的管理

超乎常人的管理能力，是一個欲成大事者在創業過程中不可缺少的，許多成功者都具備這樣的能力。管理，不是越權，而是在自己工作的方法上、思考模式上進化，在自己工作精神上、能力上進化。要做到傑出管理，必須多在自身的思考模式、做事方法上下功夫，真正做到「換腦筋，想辦法，做實事」，以管理啟動企業的潛力！

本田宗一郎的制勝法寶

> 在企業管理中，要有專注的精神，領導就是金字塔的塔尖，在塔尖上看起來很威風，但要知道，沒有地基，塔尖能存在嗎？除此之外，企業還要有「升降機」。

西元 1950 年代，日本機車市場競爭激烈。這個時候，居霸主地位的是東菱公司。本田宗一郎和他的團隊猛踩油門，奮起直追，本田公司在機車市場上終於趕上、並超過了東菱公司。

本田宗一郎靠的是什麼呢？

本田宗一郎有兩個制勝的法寶，一是因為「金字塔式的領導體制」，二是靠著「升降機式的領導方式」。

本田宗一郎依靠「金字塔」，從「金字塔」的地基工人開始，往上是工廠主任、各部門主管，直至總經理（會長）、董事長。身為董事長，本田處於「金字塔」塔尖的位置，居高臨下，直接俯視整個企業的運作情況。

然後，他乘著「升降機」，快速降到企業底層，觀察、研究決策實施的效果和新出現的問題；再乘著「升降機」逐層上升，工廠、部門……每一層都不放過，親眼觀察每項工作和政策的實施情況，聽取意見。

他乘著「升降機」回到「塔尖」後，再以雙重視角來了

解這一切 —— 縱看橫看，上看下看，既是普通工人或工廠主任，又是經理、董事長，再作出新的決策。

「金字塔」的金，在於地基的員工。

本田宗一郎用「慈愛主義」來澆灌這個地基。在本田公司，員工們所得到的報酬是日本汽車業最高的。公司還為員工提供了廉價住宅，安排度假，提供收費低廉的醫療保健。在本田公司，員工擁有公司股分的 10% 以上。為了讓地基更牢固，本田宗一郎想方設法以年輕力量充實這裡，本田公司員工的平均年齡是 24.5 歲，遠比「三菱」的 34 歲和「日產」的 30 歲年輕。為了讓「金字塔」傲然屹立，本田公司的員工在 35 歲的時候，大多就升任主管或成為核心技術員工了，而在日本其他公司，則要等到 45 歲左右。

有了扎實的地基，本田宗一郎的「升降機」，才能發揮效用。

當時，在機車世界市場稱雄的是英國廠商。本田宗一郎便到英國去考察，購買技術設備。1954 年，當他看到英國生產的 250 毫升 36 匹馬力機車「飛行」時，驚嘆不已。因為本田公司生產的只是 250 毫升 13 匹馬力的機車 —— 只能算是一種動力腳踏車。回國後，他坐著「升降機」降到「地基」，徵求員工們的意見，與他們一起反覆比對國內外機車，找出問題的癥結所在。經過多年的不懈努力，1958 年 8

月，終於推出了本田 C-100 型「超級小狼」機車，很快便風靡世界。在 1959 年的機車世界大賽上，該車榮獲「製作獎」；在 1961 年的世界大賽上，該車一舉囊括了前五名。

本田機車成了世界機車市場上的優秀品牌，一度曾獨占世界 1/4 的機車市場。在日本國內，本田領先其他廠牌的地位越來越明顯，1960 年代前期，市場占有率上升到 44%，成為不可動搖的「霸主」——1968 年時的機車產量累計突破了 1,000 萬輛。本田公司的前進速度，使得東菱公司的市場占有率不斷下降，虧損額卻不斷上升，不得不於 1964 年 2 月宣告破產。

管理顧問柯維

> 傑出的管理者需要能夠比其他人更早感受到管理角色的變化。應該說，知識經濟時代的管理學，不再是「做事」的方法，而是「讓人做事」的藝術。

柯維（Stephen Covey）曾指導過一位公司資產額達 60 億美元的董事長。有一天他和這位董事長一起走出了辦公室，經過一位正拿著耙子打掃落葉的管理員身邊，她所用的耙子，末端只剩下 5 根耙爪——原本應該有 31 根耙爪的。柯維停下來問她：「請問你在做什麼呢？」

「我正在掃這些樹葉。」

「你為什麼使用這支耙子？看起來你掃不起多少葉子。」

「因為你們只拿了這支給我用而已。」

「為什麼你不去找一支好一點的耙子來用？」

當她走遠後，董事長顯然生氣了：「我們的備用品多到可以淹死一匹馬。」顯然，他在竭力抑制自己的聲調：「這種事天天都在發生。我們在進行的兩項大型發展計畫進度和兩條生產線的進度都已經落後，眼看資金一點一點流失，今天這個事件正是最好的例子！完全可以顯示錯出在哪裡——大家總是不斷抱怨，只因為他們覺得自己巧婦難為無米之炊，連老天爺也沒辦法幫助他們。這正好讓我知道自己的忍耐限度，而且就像我告訴過你的，他們的確缺乏危機意識。如果我們不能給他可用的工具，我們怎能克服這個問題？我要找到負責管她的那個監工，並確定她可以拿到一支好一點的耙子。」

「你真的認為她的監工要負全責嗎？」柯維問。

「當然！」他幾乎大喊出來。而在冷靜下來後，他繼續抱怨：「他的工作就是讓他負責的人拿到合適的工具。」

「如果他得負責，你要如何解決這個問題？」

「給監工做更多的訓練，可能也會選擇把他給換掉。」

「這些行動會讓你達到你預期的目標嗎？」

不普通的管理

「你這樣說是什麼意思？」董事長臉色立變，以複雜的表情詰問柯維。

「你要採取什麼方式來經營？你要創造些什麼？」

「嗯，就現在而言，」董事長語帶遲疑，「假如我扮演的是一個事必躬親的管理者，假如我要去證明個人的危機感，假如我要實現夢想，我猜我會去把適合的耙子找來。」

「你認為這樣做就會解決問題了嗎？」

董事長停下來想了一會兒，最後他說：「如果公司裡每個人都沒有絲毫的危機意識去面對自己的義務，我們怎麼可能成功？」

「好，」柯維接著說，「如果每個人都對自己的工作盡了義務，而不論付出多少，那麼在今天這個例子裡，誰該對這位園丁和耙子的問題負責？」

「園丁應該負責，畢竟她是唯一知道自己用的耙子合不合適的人。我們總是弄得每個人忙得團團轉，使得他可以不盡義務，而可以責怪別人。只要我們能夠解決責任的問題，我們所有的問題就會消失無蹤。每一分子都要為自己的成果表現負責。」「但是，」這時他的聲音帶著猶豫，「監工真的一點責任都沒有嗎？」

「他要負責，但不是在於為園丁找一支好耙子。他的職責在於讓園丁盡職把工作做好；他的工作是幫助她達到負起責

任、盡完義務的要求。而在最合理的情況下，還有誰需要為找到好耙子來負責？」

董事長思索片刻：「我敢打賭我不是第一個看到她使用那支壞耙子的人，從觀念上而言，任何看到她的人都可能已經提醒過她。所以每個看到她的人，都該覺得有責任去告訴她應該換一支好耙子。」

「那麼你要扮演哪個角色？」柯維繼續問。

董事長露出微笑：「最根本的，其實是我自己該負責，因為我看錯了問題的癥結所在。我沒有注意到真正的問題點 —— 缺乏責任感，反而只看著一些表象 —— 角色不分、工具不對、指派不當。」

我們總能聽到陳腔濫調的工作準則：「提供正確的工具是監工的責任……我不會自己去找出適合的耙子……」，這位董事長每天工作 14 小時，一週工作 7 天，但工作進度卻遠遠落後，全都是因為他以過時的工作準則來界定自己的角色，甚至可能花上整天的時間找耙子，而延誤那些發展計畫，更無法使落後的生產線得以改善。如果他老是把自己的角色定位在「解決問題」，人們會把問題帶來讓他解決。這些員工絕不會對短缺或損壞的工具自行負責、解決，因為董事長就在那裡幫他們解決了。

柯維指出，一旦這位董事長以不同的視野看待自己的角

色 —— 從「問題解決者」的角色轉換為「管理者」的角色，他與他的團隊開始致力於建立責任歸屬觀念，並要求員工負起責任，他就會開始看見轉機。

赫斯的「競爭」管理

讓下屬被動服從、執行決策目標，帶來的結果只會是低收益，甚至無收益、負收益。唯有想方設法激勵他們主動去做，才能充分發揮人的主動性、創造性，獲得良好的收益。

赫斯管理自己的員工，便是用「競爭」的方法。有一次，他對一個一向很努力、熟練的工人說：「米勒，為什麼我叫你做一件工作，你這麼慢才做出來呢？你為什麼不能像霍爾那樣有效率呢？」

他對霍爾卻這樣說：「霍爾，你為什麼不以米勒為榜樣，像他那樣做事有效率呢？」

過了不久，霍爾因為公事出外旅行剛回來，看見赫斯留下一張紙條叫霍爾做好一個零件，馬上送到鐵路公司的開關及信號製造廠去。

這個紙條是星期六寫的，但是星期日早上，霍爾便把這件事辦好了。星期日早上，赫斯在製造廠裡看見了霍爾，便

問：「霍爾，你看到我留下的紙條了嗎？」

「看到了。」

「你什麼時候要去做呢？」

「已經做了。」

「啊，什麼時候可以做好呢？」

「已經做好了。」

「真的嗎？它現在在哪裡呢？」

「已經送到製造廠裡去了。」

赫斯聽了無話可說。他發現這種用競爭的方法激勵員工趕快做事的效果，竟然這麼好，實在感到驚奇。而對霍爾來說，他看見上司赫斯表現出嘉許的樣子，自己也覺得非常快樂！

有時，競爭對手是不容易找到的，這時，你可以「設定」一個「競爭對手」。

對於沒幹勁的部下，只要告訴他：「你和 A 先生兩個人，成功是指日可待的。」這就等於是暗示了他競爭對手的存在。

美國某家鑄造廠的經營者經營了許多工廠，但其中有一個廠的效率始終徘徊不前，從業人員也很沒幹勁，不是缺席，就是遲到早退，出貨總是延誤。該廠產品品質低劣，使消費者抱怨不迭。雖然這個經營者指責過管理人員，也想盡辦法，想激勵從業人員，提振工作士氣，但始終不見效果。

有一天，這個經營者發現，他交代現場管理員辦的事一

直沒有解決，於是他就親自出馬了。這個工廠採用晝夜兩班輪流制，他在夜班要下班的時候，在工廠門口攔住一個作業員，他問：「你們的鑄造流程一天可以做幾次？」作業務答道：「6 次」。這個經營者聽完，一句話也不說，就用粉筆在地上寫下「6」。緊接著早班作業員進入工廠上班，他們看了這個數字後，竟改變了「6」的標準，做了 7 次鑄就流程，並在地面上重新寫上「7」。到了晚上，夜班的作業員為了刷新紀錄，就做了 10 次鑄就流程，而且也在地面上寫上「10」。過了一個月，這個工廠變成了他所經營的廠中績效最高的。

這個經營者僅僅用一枝粉筆，就提高了工廠的士氣，而員工們突然產生的士氣從哪裡來的呢？這是因為有了競爭的對手所致。有些員工做事一向都拖拖拉拉，毫不起勁，可在突然有了競爭的對象後，就激發了他們的士氣。

「倒金字塔」管理

「人人都想知道並感覺到他是別人需要的人。」「人人都希望被作為個體來對待。」「給予一些人承擔責任的自由，可以釋放出隱藏在他們體內的能量。」「任何不了解情況的人都不能承擔責任；反之，任何了解情況的人都不能迴避責任。」「倒金字塔」管理模式就是在這樣一種思考模式的主導下產生的。

「倒金字塔」管理法最早誕生於瑞典的 SAS 公司，也就是北歐航空公司。這個航空公司當時負債累累，在這個時候，一個瑞典人楊‧卡爾森（Jan Carlzon）受命於危難之中。在三個月以後，卡爾森腦子裡有一個計畫成形，他宣布：為了使 SAS 公司扭轉目前的虧損局面，公司必須要實行一種新的管理方法。他為它取名為「Pyramid Upside Down」，我們簡稱為「倒金字塔」管理法。

一般的企業管理是個「正金字塔」，最上面一層是總經理，或者是叫決策者，中間層叫中階管理者，最下面一層是一線人員，或者稱為決策的執行者。上面是決定政策的人，下面是執行政策的人，概念很清楚，現在很多企業採用的都是這種管理方法。那麼當時卡爾森為什麼決定把它顛倒過來呢？因為他發現要把公司做好，他個人認為關鍵在於員工。在管理學上認為一個企業能不能經營好，管理者是最重要的。卡爾森在這個「倒金字塔」管理架構的最下面，他為自己命名為決策的監督者，他認為公司的整體目標一旦制定下來之後，總經理的任務是監督、執行政策，達到這個目標。「金字塔」的中層管理人員不變，最上面這一層是一線工作人員，卡爾森稱他們為現場決策者。

「倒金字塔」管理法的整體含義是「給予一些人承擔責任的自由，可以釋放出隱藏在他們體內的能量。」那麼這種

不普通的管理

管理方法得到了什麼效果呢？ SAS 公司採用這種方法三個月之後，公司的風氣就開始轉變，他開始讓員工感覺到：「我是現場決策者，我可以對我分內負責的事情做出決定，有些決定可以不必報告上司。」把權力、責任同時下放到員工身上，而卡爾森身為政策的監督者，他負責對整體進行觀察、監督、推進。

有個美國商人叫佩提，這一天，他接到通知，要坐飛機從斯德哥爾摩到巴黎參加會議。瑞典的國際機場，即阿蘭德機場，距離斯德哥爾摩市 70 公里，佩提先生到達機場後，一摸口袋，變了臉色，發現沒帶機票。我們知道世界上各個國家的航空公司規定都是一樣的，沒有機票不能辦理登機手續。正在這個時候，SAS 公司的一位小姐款款走來問要不要幫助，佩提顯得很不耐煩，說「你幫不了。」可是小姐還是微笑著說：「您說出來，或許我能幫助你。」佩提說他沒帶機票，沒想到小姐說：「您沒帶機票呀，這件事很容易處理，您先告訴我機票在哪好嗎？」他說在 XX 飯店 922 號房間，小姐給了他一張紙條，要他拿著先去辦登機手續，剩下的事情由她來處理。佩提先生到了登機的地方，很順利就通關了，拿到了登機證，過了安檢，到了候機室。在飛機還有十分鐘就要起飛的時候，剛才那位小姐把他的機票交給了他，佩提先生一看，果然是自己忘在飯店的機票。那麼小姐是怎

麼拿到機票的呢？她撥通了飯店的電話後是這樣說的：「請問是 XX 飯店吧，請你們到 922 號房間看看，是否有一張寫著佩提先生名字的飛機票？如果有的話，請你們用最快的速度用專車送往阿蘭德機場，一切費用由 SAS 公司支付。」是什麼使她擁有這種權力呢？就是「倒金字塔」管理法，因為它把權力充分賦予一線工作人員。結果不久之後那位熱心的小姐被提拔為市場部門經理，而佩提先生則到處幫 SAS 公司做活廣告。

楊‧卡爾森採用了新的管理方法一年後，北歐航空公司便盈利 5,400 萬美元。這個奇蹟在歐洲、美洲被廣為傳頌，同時，在世界管理領域也引起轟動，它為管理者們提供了更加有效率的管理模式。

小華生挽留死對頭

管理是一門藝術，合理採用適合彼此的工作方法進行管理，處理人際關係，可以避免簡單生硬和感情用事，避免不必要的誤解和糾紛，揚長避短、因勢制宜，進而贏得同事的支持與配合，造就一個共同作戰的團隊，並且能更迅速、更順利的制定和貫徹各種決策，實施更有效的管理。

不普通的管理

　　西元 1947 年的某一天，一個中年人走進小湯瑪斯·J·
華生（Thomas J. Watson）的兒子，小華生（Thomas Watson
Jr.）——這個 IBM 第二任總裁的辦公室，他看了一眼小華
生，毫無顧忌的嚷道：「我沒有什麼希望了，銷售總經理的
工作丟了，現在做著沒人做的閒差……」

　　此話怎麼說呢？

　　這個人叫伯肯斯托克，是 IBM 公司未來趨勢部門的負責
人。他是當時剛剛去世的 IBM 公司第二把手柯克的好友，因
為柯克與小華生是死對頭，伯肯斯托克心想：柯克一死，小
華生肯定不會放過他，與其被人趕走，不如主動辭職，求個
痛快。

　　伯肯斯托克知道小華生與他的父親一樣，脾氣暴躁，也
很愛面子，假如哪位員工敢當面向他們發火，那麼，結果不
言而喻。

　　奇怪的是，小華生顯得很平靜，臉上還有一絲笑意。

　　伯肯斯托克開始有點緊張了。

　　不是因為害怕，而是因為有點摸不著頭腦了。

　　「如果你真的有才能，那麼，不僅在柯克手下，在我、我
父親手下都能成功。如果你認為我不公平，那麼你就離開；
否則，你應該留下來，因為這裡有很多機會。」

　　「……」

「如果是我，現在的選擇是留下來。」

「我剛才的話你沒有聽見嗎？」

伯肯斯托克沒有回答，好像真的沒有聽見。

小華生實際上做的是盡力挽留面前這個人。

事實證明留下伯肯斯托克是正確的。伯肯斯托克是個不可多得的人才，甚至比剛去世的柯克還精明能幹。在促使IBM 從事電腦生產上，伯肯斯托克的貢獻最大。當小華生極力勸老華生及 IBM 其他高級負責人趕快投入電腦產業時，公司總部裡的支持者相當少，但伯肯斯托克全力支持他。

伯肯斯托克對小華生說：「打孔機注定要被淘汰，假如我們不覺醒，不盡快研發電腦，IBM 就會滅亡。」

小華生相信他說的話是對的。

小華生取得了伯肯斯托克的力量，為 IBM 立下了汗馬功勞。

小華生在他的回憶中還曾寫下這樣一句話：「在柯克死後挽留伯肯斯托克，是我有史以來所做出的最出色的決定之一。」

小華生不僅挽留了伯肯斯托克，而且提拔了一批他並不喜歡但卻有真才實學的人。他在回憶錄中寫道：「我總是毫不猶豫提拔我不喜歡的人。那種討人喜歡的助手，喜歡與你一起出去釣魚的好友，則是管理者的陷阱。相反的，我總是尋

找精明能幹、愛挑毛病、言語尖刻、幾乎令人生厭的人，他們能對你推心置腹。如果你能把這些人放在你周圍工作，耐心聽取他們的意見，那麼，你能取得的成就將是無限的。」

史隆的「分散經營、協調控制」原則

真正成功的管理體制和決策方法就在於其靈活性 —— 即針對市場繁榮和經濟蕭條的不同情況做出適合的調整。

美國通用汽車公司是世界上最大的汽車公司，總部坐落在美國素有「汽車城」之稱的第五大城市底特律。

通用汽車公司是由威廉‧杜蘭特（William C. Durant）創立的。此人有遠見，有魄力，膽識過人，這些特質在通用汽車的創立上有很大的幫助。然而，杜蘭特在管理方式上過於極權，他完全掌握公司的領導權，事無鉅細。因此，就算杜蘭特犯了錯，明辨是非的人也沒有辦法阻止錯誤的發生，通用汽車也因此多次陷入困境。而且，雖然杜蘭特強調極權，但是公司的各個部門卻陷入了失控的局面。當杜蘭特離開通用時，公司已經危機四伏，大有江河日下之勢。

然而，卻有一位天才人物使通用汽車公司起死回生，走上飛黃騰達之路。此人就是聞名美國的史隆（Alfred P. Sloan）。史隆在西元 1923 年就任通用汽車公司總經理，1924

年任職總裁，直到 1956 年退休。他很早就與杜蘭特共事，歷經通用的風雨滄桑，因此史隆對通用的弊病瞭若指掌。

史隆認為，大公司應在集中管理與分散經營之間找到平衡點，充分發揮兩者的優點，克服兩者的缺點，才能建立較為完善的組織管理體制，取得最佳的經營業績。因此，掌管通用之後，史隆進行了人事大改動。他提出了「分散經營、協調控制」的思想，力圖以此建立通用的新組織體制。根據這一個全新的想法，史隆擬定出改組通用的組織機構的具體計畫，並提出事業部門的新制度概念。

史隆把公司要解決的任務分為兩大類，即決策任務和執行任務。在史隆的改組計畫中，公司的董事會擔任決策任務，設立了兩個委員會——財務委員會和執行委員會。這一點與杜蘭特的時代是相似的。執行委員會繼續保持對公司各項業務和經營活動的全面控制；而財務委員會也行使過去的權力，即對公司的財務及財務工作人員的總控制權。同時，史隆建立了直接指揮部門的組織結構，以適應行政管理的需求。在新的組織結構中，設有總公司（公司總經理處）、各事業部、各工廠，一共三級。總公司由總執行經理負責管理，下轄四個事業總部——汽車、零件、配件、雜品。各事業總部由總部執行經理監管。

史隆成功了。憑著這套管理體制，通用汽車公司在以後

的歲月中，度過了許多難關，取得了驚人的發展。史隆建立的這套管理體制一直是通用的組織架構，因為它成功將分散經營與協調控制結合起來，既取得了經營的主動性，又取得了效益。雖然通用也曾有過多次的組織調整，但都是在史隆模式的框架內進行的，只不過有時分散經營多一點（如經濟高漲時期），有時集中管理多一點（如經濟低落時期）。

史隆的改組使通用走上了輝煌之路。1923 年，通用的產品在美國國內的市場占有率僅為 12%，然而到 1956 年，通用在國內的市場占有率躍升為 53%。1977 年又上升為 56%。1977 年，它成為美國最大的工業公司，雖然以後在各類工業公司的綜合排名有所下降，但自 1928 年以來，一直是美國乃至全球第一的汽車公司。

康塞汀的鼓舞法

企業管理中，管理人要善於跟職員溝通，利用「對親和的需求」滿足員工的心理願望。讓員工自豪於工作，哪怕只是在擦地板。這種管理方法，無疑提高了員工與經理人員更有效合作的意願和能力。

法蘭克·康塞汀是美國國家罐頭食品公司的總裁，他管理的這家公司是世界上第三大罐頭食品公司。法蘭克·康塞

汀之所以能在經營和管理上取得如此大的成就，其祕訣全在於以下這句話：

「如果你使員工對他們的工作有自豪感，這會比給他們報酬要好得多。然後你再給他們地位、被認可感和滿足感……」

因此，法蘭克‧康塞汀的公司從來不擔心徵不到員工。當他們在奧克拉荷馬的分廠需要一百個工作人員時，在公布應徵需求後，竟然收到了兩千份申請書。

也難怪，這個新工廠充滿了家庭氣息，有野餐，工作中還洋溢著抒情的音樂。

在亞利桑那的鳳凰城的工廠績效卓著，公司就搭了一個露天馬戲團，讓員工們工作之餘能開心娛樂。在馬戲團建起的那一天，94 名工人的業績達到了一天 100 萬個罐頭的目標。那一天，馬戲團成了歡樂的大本營。而 3 年以後，工人將日產量提昇到了一天約 200 萬個罐頭。

公司還設立了心臟保健計畫，有 600 多名受過訓練的員工將負責心臟病緊急救護。他們已經成功挽救了多名工人的寶貴生命。

美國國家罐頭食品公司無疑為員工們創造了一個天堂。

公司在不斷壯大，康塞汀非常高興，但他也很難過，就是沒有時間和每一個人進行交談了，這意味著他不能親自激

勵那些優秀的員工。他把管理人員找來，跟他們說：「管理人員的工作就是把員工們放在合適的職位上。如果你把適當的人安排在適當的職位，他們就會得到心理上的滿足，這種滿足是他們在難以勝任的更高職位上無法得到的。」

有的管理人員說：「我們的工作太忙了，也沒有太多的時間考慮他們的想法。」

「那你們就錯了。我們對人的關注付出並不大，而利益卻在員工的忠誠和高度信心下自然而然成長。你們的任務之一就是把人性的優點運用在與員工打交道的日常事務上。」

康塞汀常常說：「我們公司也許不會成為同行中最大的一家公司，但是只要我們一如既往對待員工、顧客和供應者，那就已經足夠了。」

以人為中心的管理方式在國家罐頭食品公司得到了傳承。康塞汀的繼任者——羅伯特·史都華，加強了公司深入工廠訪問的傳統。他每年都去各個工廠一次，並和每個員工交談一次。

公司值勤人員在三更半夜時，常常能看到一個身影出現在公司，那就是羅伯特·史都華，他是來和那些上大夜班的員工交談的。

查理‧里德安慰員工

在企業管理中，下屬犯錯是難免的，就算是最優秀的人才也會有犯錯的時候，面對下屬的失誤，特別是優秀人才的失誤，管理者應該寬待。

西元 1963 年春天，在 GE 公司，一名 28 歲的員工經歷了一生當中最恐怖的事件之一 —— 爆炸。

當時，他正坐在匹茲菲爾德的辦公室裡，對街正好是實驗工廠。這是一次巨大的爆炸。爆炸產生的氣流掀開了樓房的屋頂，震碎了最高樓層所有的玻璃。

不可思議的是，沒有人受重傷。

當時，人們正在進行化學實驗。在一個大水槽裡，他們將氧氣灌入一種高揮發性的溶劑中。這時，一個無法解釋的火花引發了這次爆炸。非常幸運的是安全措施起了一定的保護作用。爆炸產生的衝擊波直接衝向了天花板。

身為負責人，他顯然有嚴重的過失。

第二天，他不得不開車 100 英里去康乃狄克的橋港，向集團公司的一位執行官查理‧里德解釋這場事故的起因。這個人很信任他，但他還是準備挨罵了。他已經做好了最壞的準備。

他知道這時可以解釋為什麼會發生這次爆炸，並提出一

些解決這個問題的建議。但由於緊張，失魂落魄，他的自信心就像那爆炸的樓房一樣開始動搖。

這是他第一次走進這位主管的辦公室。

查理·里德卻很快就使面前的年輕人平靜了下來。身為一名從麻省理工學院畢業的化學工程博士，查理·里德是一個有著專業素養的傑出科學家。實際上，查理·里德在西元1942 年加入 GE 公司以前，還在麻省理工學院當過 5 年應用數學的教師。他的身材中等，頭有點禿，眼神中總是流露出智慧的光芒。

查理·里德對於工業技術也同樣有很大的熱情。這個人是個將自己奉獻給企業的單身漢，是 GE 公司中有親身化學經驗的執行官中級別最高的一位。查理·里德知道在高溫環境下做高揮發性氣體實驗會發生什麼。因此，查理·里德表現得非常通情達理。

「我所關心的是你能從這次爆炸中學到什麼東西。你能不能修改反應器的工作流程？」

年輕人沒有想到查理·里德會問這些。

「你們是不是應該繼續進行這個專案？」查理·里德的表情和口吻充滿理解，看不到一絲情緒化的表現或者憤怒。

「好了，我們最好現在就對這個問題有個徹底的了解，而不是等到之後，等我們進行大規模生產的時候再解決。」查

理・里德說道，「感謝上帝，沒有任何人受傷。」

查理・里德的行為給這個年輕人留下了深刻的印象。

這個 28 歲的年輕人就是傑克・威爾許（Jack Welch）。在自己的自傳中回憶起這段經歷時，他說：

> 「當人們犯錯的時候，他們最不願意接受到的就是懲罰。這時，最需要的是鼓勵和信心的建立。最重要的工作就是恢復自信心。」

保羅・蓋文的攏心術

> 員工的忠誠和積極性是企業生存和發展的關鍵，是凝聚團體的黏著劑。因此，企業的管理者要精通收攏人心的技巧。其實，關心一個員工，動作不需要多大，從一件小事開始就行。

「你真的找到最好的醫生了嗎？如果有問題，我可以向你推薦這附近看這種病的醫生。」

這是誰在跟什麼人說話？

這是摩托羅拉總裁保羅・蓋文（Paul Vincent Galvin）在對員工們表達他的關懷和愛護。

只要蓋文聽到公司哪位員工或其家人生病時，他就打電話這樣詢問：「你真的找到最好的醫生了嗎？」

不普通的管理

由於他的努力，許多人請不到的專家都被他請來了。而且在這種情況下，醫生的帳單可以直接交給他。

下面的故事已經是很久以前了。

在經濟不景氣的年代，工人們最怕失業。為了保住飯碗，他們最怕生病，尤其怕被老闆知道。比爾‧阿諾斯是一位採購員，他現在擔心的兩件事都發生了。他的牙痛非常嚴重，不得已，只能放下重要的工作，因為他實在無力去做了。而且，他的病還被蓋文知道了。

蓋文看到他痛苦不堪的樣子，非常心疼：「你馬上去看病。不要想工作的事，你的事我來想好了。」

比爾‧阿諾斯做了手術，但他從來沒有見到帳單，他知道是蓋文替他出了手術費用。他多次向蓋文詢問，得到直截了當的回答是：「我會讓你知道的。」

阿諾斯的手術很成功，他知道憑自己的普通收入是難以負擔手術費的。

阿諾斯勤奮工作，幾年後，他的生活大有改善。有一次，他主動找蓋文。

「我一定要償還您幫我支付的那個帳單的錢。」

「你呀，不必這麼關心那件事。忘了吧！好好做事。」

阿諾斯說：「我會做得很出色的。但我不是要還您錢，是為了使您能幫助其他員工醫好牙病……當然還有別的什麼病。」

蓋文說：「謝謝，我先替他們向你表示感謝！」

阿諾斯的手術費是 200 美元，這對蓋文來說是一個小數目，可是這 200 美元代表的價值是對人的關懷和尊重，買下了一個人的心。

玫琳凱的「溝通式」管理

企業管理者在進行管理時，應該跟下屬多進行溝通，善待下屬，下屬才會善待你。玫琳凱的「溝通式」管理，就是最好的證明。

玫琳凱（Mary Kay Ash）是一個了不起的女性。她的了不起是從苦難開始的。

她出生的時候，第一次世界大戰打得正熱鬧。戰爭的硝煙剛剛散去，德克薩斯州的賽普雷斯市裡，7 歲的她便承擔起了照料父親的責任 —— 父親得了肺結核。再大一點，她一邊打工，一邊讀書。17 歲的花季，沒有等到花兒盛開，脖子上就掛了婚姻的枷鎖。8 年後，丈夫拋棄了她，卻留給她 3 個孩子。

面對不幸，玫琳凱樂觀面對生活。她在美國斯坦利·霍姆公司當推銷員，工作出色，她又贏得了愛情 —— 丈夫是一家大公司的業務經理。

不普通的管理

西元 1962 年，玫琳凱退休回家。然而，她不甘寂寞。

1963 年 9 月 13 日，她以 5,000 美元的資本創辦玫琳凱化妝品公司。公司有一間面積為 500 平方英呎的店面，20 歲的兒子理查當她的助手，還有 9 名熱心的女性職員 —— 玫琳凱應徵來的第一批美容師。

玫琳凱做過 25 年的推銷工作。目睹了不少企業的成敗興衰，知道企業成敗的關鍵在於，是否尊重每一個員工。

玫琳凱將重視員工的著眼點放在員工「對顧客負責，為顧客服務」上。首先要「對顧客負責」，這就是優質產品。事實上，玫琳凱化妝品公司是以成藥製藥廠的身分向食品與藥物管理局登記註冊的，公司所生產的化妝品都符合製藥廠的工業標準。

優質產品與完美服務，來自玫琳凱實施的「個人式溝通」的管理理念。

玫琳凱為公司制定的管理原則是「上帝第一，家庭第二，事業第三」 —— 家庭應在個人事業之上，在處理好家庭的基礎上，才能毫無後顧之憂投身事業。如此一來，玫琳凱化妝品公司「自行規定上班時間」的女性推銷員隊伍，最多時達十幾萬人。

「個人式溝通」制度的基礎是：關心員工，善於聽取員工們的意見和建議。為了貫徹「個人式溝通」，公司員工生

日時，都會收到一份生日卡和兩份免費午餐招待券；「祕書週」的時候，所有祕書都會獲得一束鮮花和一個有紀念意義的咖啡杯；而新的員工進入公司，第一個月內會獲得玖琳凱的親自接見，並被詢問是否能適應自己擔當的工作；公司員工有什麼委屈、困難，都可以直接找玖琳凱申訴、反映⋯⋯

為了貫徹「個人溝通」，玖琳凱制定了一系列的「讚美」的措施——每位推銷化妝品的美容師，在第一次賣出100美元的化妝品後，就會獲得一條緞帶作為紀念；公司每年都要在總部的「達拉斯會議中心」，召開一次盛況空前的「年度討論會」，參加討論會的是從陣容龐大的推銷隊伍中推選出來的代表，會上，讓成績卓越的推銷員穿著代表最高榮譽的「紅夾克」上臺發表演講；為業績最好的美容師頒發公司最高榮譽的獎品——鑲鑽石的大黃蜂別針和貂皮大衣，並在公司總部最顯眼的地方掛上一張比真人還大的照片；在公司發行的通訊刊物《喝彩》月刊上，把公司各個領域中名列前茅的100人的姓名與照片刊載出來⋯⋯

有個美容師，第一、第二次展售會上都沒賣出過什麼，第三次展售會上也只賣出了不引人注目的35美元的東西。她的上司海倫按照玖琳凱的管理原則，表揚她：「你賣出了35美元的東西，那實在太棒了！」海倫的讚美和鼓勵，使那位美容師激動不已，後來終於取得了可喜的成果。海倫也因為

善於「運用讚美」來激勵部屬，得到玫琳凱的重用。

有一段時間，公司的銷售額遲遲上不去。在公司舉行的大會上，玫琳凱宣布：「每個美容師每週要在 10 個不同地點舉辦化妝品展銷。」話音剛落，下面就議論紛紛，終於有一個人說：「如果你本人能一週在 10 個不同地點舉辦化妝品展銷，我們就能夠。」

這可將了玫琳凱一軍。她自己參加展售會，那還是創業之初的事。10 年過去了，她很少親自辦展售會了。

玫琳凱接受了這個挑戰。她放下總經理的架子，拜能者為師，花了很多時間進行訓練，不久，她在一週之內真的舉辦了 10 次化妝品銷售會。

公布那一週銷售額的名次，玫琳凱名列全公司第 3 位。消息傳開，員工們大吃一驚。玫琳凱辦到的，大家也辦到了，全公司十幾萬銷售人員爭先恐後，營業額一路攀升。

玫琳凱「個人式溝通」的成果是：1993 年，公司的銷售額達 7.37 億美元，利潤額 4,800 萬美元，資產額 5.24 億美元。

克羅格的特色管理

現代企業經營管理，都把顧客定位為「上帝」。把「上帝」掛在嘴邊容易，放在心上就需要花一些功夫了。

西元 1873 年，美國爆發金融危機。

13 歲的伯納德‧克羅格（Bernard Kroger）輟學了。

他單薄的肩膀開始幫助父親擔當家中窘困的經濟。

他沿路兜售著咖啡，做著小本生意。

他 20 歲的時候，用攢下的一筆錢，買了一家雜貨鋪。到了 1883 年，他開設了全美第一家連鎖店公司 —— 大西方茶葉公司。又過了 10 年，他擁有了 40 家商店和一個食品加工廠，並將公司更名為克羅格雜貨與麵包公司。

克羅格之所以能夠將生意迅速擴大，重要的一點在於公司直接與顧客打交道，並以顧客需要為服務宗旨。

第二次世界大戰結束後，約瑟夫‧霍爾就任克羅格雜貨與麵包公司總裁。

霍爾將公司更名為克羅格公司，並一下子引進 45 種公司專賣商標，以加深顧客對公司商品的印象。

霍爾上任後主導了一項重大改革措施：顧客調查活動。

霍爾對他的員工們說：「無論什麼時候，都不能怠慢顧客。對公司發展什麼商品、增加哪些服務、使用什麼銷售手

段等問題最有發言權的就是顧客。」

　　為此，克羅格公司在所有現金出納機旁安裝了「顧客投票箱」。顧客可以把自己對克羅格公司的意見和建議投入箱中，如需要哪種商品、哪種商品應如何改進、需要什麼專門服務等。

　　一天，一名顧客—— 就叫他尼克森吧，因為這樣的顧客實在是太多了 —— 接到了來自克羅格公司的電話：「您可以到我們公司來挑選您中意的商品了。」

　　尼克森說：「謝謝，我經常到貴公司去買東西，你們最近又有什麼新的好東西嗎？」

　　「我們非常感謝您對公司的關心。您的建議被我們公司採納了，所以我們告訴您，您可以到我們公司來免費選購您提出合理化意見的商品……」

　　原來，克羅格公司在每一張「票」上都留下顧客的姓名和聯絡地址，一旦該顧客的建議被採納，可以終生免費在克羅格公司的商店裡享受哪一種服務或購買哪種商品，還可以獲得公司贈予的優惠折扣消費卡，購買任何商品時都享有特價優待。

　　「投票箱」深受顧客歡迎，提建議者絡繹不絕。克羅格公司根據顧客的建議對症下藥，使公司每一種新上市的商品都能一炮而紅，公司的經營涵蓋區域擴大到德克薩斯、明尼蘇達和加州，1952 年的銷售額突破 10 億美元。

1970 年，詹姆斯·赫林就任克羅格公司總裁，他不僅強調興建品種齊全的超級市場，也著重設立品項較集中的專賣商店，以特色商品吸引顧客。

赫林繼承了前任的管理思想，他把顧客的「投票箱」改稱為「合理的市場調查法」。他對員工說：「如果我們要生存得更好，就只能像滿足情人的要求那樣去滿足顧客的要求。」

1980 年代後，克羅格公司把發展方向轉移到「一次停車」型的超級市場上。這種賣場的經營品項達到了包羅萬象的程度，不僅從事零售業，還經營美容沙龍、金融服務、速食店、加油站等，使顧客只需停車一次，就可以買齊全部商品，獲得所需的各種服務。

事業從推銷員開始

人們會輕易拒絕一個陌生人，但很難拒絕朋友，如果你想和他做生意，就首先要和他成為朋友。

西元 1998 年 3 月，已經 32 歲的失業工人冉女士帶著多年賺的 6,000 元人民幣南下廣州。她當時沒想過到底會有什麼成果，她只想闖一闖，反正已經沒退路了。在同學的介紹下，冉女士來到廣州一家醫療機械公司當銷售人員。公司不包吃也不包住，連底薪都沒有，只有產品。

不普通的管理

當時，冉女士不懂醫療機械，不會講粵語，不知道廣州的門診和醫院的大門朝哪開。每天拿著地圖一家家醫院和門診跑。3個月裡，她沒賺到一分錢，卻花光了帶來的6,000元人民幣。她開始向公司老闆借錢度日，但卻沒想過要回家。

幸運的是3個月後，冉女士終於看到了曙光。要讓醫院買一種醫療機械是非常困難的事，唯有該醫院相關負責人同意試用，才會有一點希望。可是她連和這位負責人講話的機會都沒有。當時，她一週去醫院6天，幾乎每天去2次。負責人上班，她也上班。他從來不理她，她只是為了混個臉熟。有一天，他下班後去菜市場買菜，她也跟著一起去。他終於忍不住了，問她為什麼居然跟著他到菜市場。於是，她就和他聊什麼菜好吃，什麼菜新鮮，怎麼做菜。接下去的日子裡，她再到醫院去，他就不好意思完全不理她了。她從來不和他提她的產品，只和他聊家常事。第一天可能只講幾個字，慢慢就增加到了兩分鐘，幾分鐘。

到第二個月底時，他開始主動問起她的產品，這時候她才真正開始工作。冉女士的經營策略是人們會輕易拒絕一個陌生人，但很難拒絕朋友，如果你想和他做生意，要先和他做朋友。那家醫院在試用完冉女士的產品後，覺得的確適合他們的病人，於是開始找她進貨。

2000年初，她開始僱用人幫她打理業務。這個時候，她

已經向 11 家醫院和門診供貨，同時和 7 家醫療機械公司合作。雖然累積的錢還沒有很多，但她的事業已經開始走上軌道。在她和員工的共同努力下，2001 年下半年，她終於賺到了自己的第一桶金——50 萬元人民幣。

超越 24 小時的推銷

> 「百萬美元推銷員俱樂部」的加入條件就是年銷售額 100 萬美元，而坎多爾弗的推銷額竟達到了 10 億美元，遠遠超過了絕大多數保險公司的年銷售總額。那麼，坎多爾弗成功的祕訣是什麼呢？

喬·坎多爾弗（Jo Candorf）出生在美國肯塔基州的李查孟德鎮，西元 1960 年，當他的第一個孩子米歇爾誕生時，每週 56 美元的收入使這位數學教師的家庭生活出現了困難。

在坎多爾弗就讀於邁阿密大學時，一家人壽保險公司曾向他兜售過保險；現在，這家公司希望他向大學生們推銷各種保險。在通過基本資格測驗後，保險公司錄用了他，並答應每月付給他 450 美元，條件是他必須在未來的 3 個月中賣出 10 份保險或賺取 10 萬美元的保險收入。

這對於只是個數學教師的坎多爾弗來說，真是太難了，但妻子卻很支持他，他努力熟悉每一件與人壽保險有關的

事，為了奮鬥，他以每月 35 美元租了間小屋，並把妻子送回娘家。他為自己制訂好了計畫，但事情與他預料的大不相同，在工作的第一天，他花了 16 小時與 7 人談生意，卻沒有一個成功的。他停食一天以示懲罰。

但他沒有灰心，不斷的努力使他在第一個星期就獲得了 92,000 美元的銷售額。

同年 12 月，坎多爾弗再次與保險公司簽訂了 6 個月代理商的合約。同時，作為對坎多爾弗的鼓勵，公司付給他 18,000 美元的酬勞和獎金。從那時起，坎多爾弗就知道了他這輩子應該做什麼，他找到了終身的職業。

為了做得更好，每天坎多爾弗都比別人多工作幾個小時，他的一年相當於別人的一年半。

坎多爾弗不僅延長工作時間，還能有效利用時間。

坎多爾弗在他的工作時間內，從不做沒目的的事。他每天吃的飯都有意義：如果他與某人一起吃飯，則他或許是一位顧客，或許是一位能有助於坎多爾弗賺錢的人；如果他單獨一人吃飯，那他或許在接電話，或許在閱讀與他的經營業務有關的資料。一天之內他對人說的話都與工作有關係，他所閱讀的每本資料都直接或間接與他的經營業務有關。他把自己的經驗告訴一位向他詢問如何使銷售額翻倍的年輕人，結果，那個年輕人的銷售額增加了 3 倍。

坎多爾弗恨不得把吃飯、睡覺的時間都用來工作，他說：「我覺得人們在吃睡上花費的時間太多了，我最大的願望是不吃飯，不睡覺。對我來說，一頓飯若超過 15 到 20 分鐘，就是浪費。」

皇天不負苦心人，1976 年，坎多爾弗的推銷額達 10 億美元。「百萬美元推銷員俱樂部」的加入條件就是年銷售額 100 萬美元。坎多爾弗的銷售額大大超過了絕大多數保險公司的年銷售總額。

坎多爾弗在談到自己的成功時說：「我成功的祕訣相當簡單，為了達到目的，我可以比別人更努力、更吃苦，而多數人不願意這麼做。」

喬‧吉拉德的推銷祕訣

喬‧吉拉德（Joe Girard）被譽為是世界上最偉大的推銷員，他在 15 年中賣出 13,001 輛汽車，並創下了一年賣出 1025 輛（平均每天 4 輛）的紀錄，這個成績被寫進《金氏世界紀錄大全》。那麼他的推銷祕訣是什麼呢？

曾經有一次，一位中年婦女走進了喬‧吉拉德所在的汽車展覽室，她告訴喬‧吉拉德，她想在這裡打發一會時間，因為她想買一輛白色的福特車，就像她姐開的那輛一樣，但

對面福特車行的推銷員要她過一個小時再去，所以她就先來這裡看看。閒談中，她還說這是她送給自己的生日禮物 —— 今天她 55 歲生日。

「生日快樂！夫人。」喬·吉拉德一邊說，一邊請她隨便看看，接著他出去了一會，然後回來對她說：「夫人，您喜歡白色的車，既然您現在有時間，我給您介紹一下我們的雙門式轎車 —— 也是白色的。」

他們正談著，女祕書走了進來，遞給喬·吉拉德一束玫瑰。他把花送給了那位女士：「祝您長壽，尊敬的夫人。」

她感動極了，眼眶都溼了。「已經很久沒有人給我送禮物了。」她說，「剛才那位福特推銷員一定是看我開了部舊車，以為我買不起新車，我剛才要看車，他卻說要去收一筆款項，於是我就到這裡來了。其實，我只是想買一輛白色的車而已，只不過我姐的車是福特的，所以我也想買福特。現在想想，不買福特車也可以。」

最後，她在喬·吉拉德那裡買了一輛雪佛蘭，並填寫了一張全額支票。喬·吉拉德從頭到尾都沒有勸她放棄福特買雪佛蘭，只是因為她在他那裡感受到了被重視的感覺，於是便放棄了原來的打算，轉而選擇了雪佛蘭。

一杯咖啡 5,000 日元

> 森元二郎的招數看似簡單，實則有一舉三得之妙：一是
> 多賣了咖啡；二是兼賣了法國咖啡杯，同時使店裡的餐
> 具常用常新，每次都用最乾淨、最新、最衛生的咖啡杯
> 招待顧客，給人特別受到禮遇的新鮮感；三是這些咖啡
> 杯送出去，都變成了放在日本民眾家裡的實物廣告，也
> 使每位顧客都不自覺成了為他招攬顧客的生動「口碑」。

東京濱松町的一家咖啡館老闆森元二郎，是一位善於出
奇制勝的老闆。

為了一鳴驚人、震驚社會，達到招攬顧客、揚名天下的
目的，森元二郎甘冒天下之大不韙，有意譁眾取寵，推出了
5,000 日元一杯的特價咖啡。消息一出，聞者無不為之變色，
就連那些揮金如土的大富豪門也紛紛指責森元二郎的價格太
離譜了。

奇怪的是，東京消費者一邊「大罵」森元二郎「必定是
個瘋子！」一邊又情不自禁蜂擁而來，要品嘗一下 5,000 日
元一杯的咖啡到底是什麼味道，以致森元二郎的咖啡館竟人
滿為患。

不嘗不知道，一嘗又是嚇一跳！原來，森元二郎的鬼點
子還真多，這個年輕人雖然想「譁眾」，其實卻並不肯真刀

「宰客」：5,000 日元一杯咖啡，實際上一點都不貴，原因是他的咖啡杯絕頂豪華而名貴，是一流的正宗法國進口杯，每個杯子市價 4,000 日元，顧客喝完咖啡，店員將咖啡杯清潔乾淨，包裝後，送給顧客；每杯咖啡也是由知名師傅現場烹煮，味道純正精美；店面裝潢豪華氣派，勝似皇宮，扮成皇宮侍女的服務小姐，把顧客當作帝王一樣細心服侍。

如此這般，每位抱著豁出去、吃虧一次的好奇心態而來的顧客都發現自己不僅沒有吃虧，反而享受到最有面子、最具排場的豪華優質服務，往往還會呼朋引伴再來光顧。

布販路德華

> 人們往往喜歡追求時尚，創造時尚的人自然就走在別人的前面。

香港有個小布販名叫路德華，某一次，他進了一批新上市的布料。為了招攬顧客，他把這新花色、新上市的布料擺在最顯眼的位置，然而一直無人問津。眼看一年快要過去了，這批布料還積壓在貨架上，路德華為此很煩悶。

路德華沉思良久，終於想出一個絕妙的主意。在新春園遊會快要到來的前夕，他走訪了本市社交界最有名的幾位貴婦人，向她們推銷這種布料，並且聲稱：「這將會是今年的

園遊會上最流行的花色。」這些貴夫人當中甚至有著名的盧貝克公司總裁的太太。

　　幾個貴婦在小布販路德華的慫恿下買了他的布料，做成了時裝。在園遊會開始的那天，當地社交界最負盛名的幾位貴婦都穿著這種同樣花色的時裝，聚在一起，在人群中十分搶眼。頓時，成千上萬的婦女都把目光聚攏過來，對她們的服裝讚嘆不已。

　　這時，擠在人群中的小布販路德華，不失時機的向前來參加園遊會的夫人、小姐，遞上精美的卡片，上面寫著：「尊貴的夫人、小姐，祝你們園遊會快樂！不勝榮幸的告訴你們，幾位貴賓穿著的新衣料，敝店有售，歡迎惠顧！」下面自然是地址、店名。

　　布販路德華巧妙的行銷手段，一下子就引起了人們、特別是婦女們對這種花色布料的青睞。每天，他的小店鋪門前，購買這種布料的人總是絡繹不絕。

　　小布販路德華竟然創造了一種時裝的新潮流，他頭腦靈活，行銷有芳，受到了盧貝克公司總裁薩耶的重視。他被應徵到該公司工作，後來成了該公司的總經理。

羅賓和「幸運糖」

糖果商羅賓送出了一些小玩具，卻為自己帶來了一筆巨大的財富。

西元 1920 年代，美國糖果商羅賓擁有一家糖果小廠和幾家小店，但銷售狀況不理想。在眾多大廠的競爭之下，他雖然使出渾身解數，但都收效甚微。面對銷量越來越少的局面，他整天都在想：怎麼讓小孩子來買我的「香甜」牌糖果呢？

有一天，他看到一群孩子在玩遊戲，立刻被吸引住了。孩子們把幾顆糖果平均放在幾個袋子裡，由一個大家選出的人把一顆「幸運糖」（一顆大一點的糖）放進其中某個袋子裡，不許別人看見，然後大家隨意選一個袋子，有幸拿到「幸運糖」的人就能享受特權，即他是皇帝，其他人是臣子，每人要上供一顆糖……他思考著這種奇怪而有趣的遊戲規則，一個靈感突然闖入了他的腦海，他欣喜若狂。他思考了許久，想出了一套完整的計畫。

當時，美國的許多糖果是以一分錢賣給小孩的。羅賓就在糖果袋裡包一美分的錢幣作為「幸運品」，並在報紙、電臺打出口號：「打開，它就是你的！」這一招很有效，因為如果買的糖果袋中有包錢幣，就等於完全免費，孩子們都搶

著買。羅賓把「香甜」這個名字也改為「幸運」。他除了大量生產糖果外，還不惜血本招來許多經銷商，另外再大做廣告，將「幸運」糖描繪成一種可以獲得幸運機會的新鮮事物，並創造出一個可愛的小動物形象作為標誌，使人人都非常熟悉。因為方法奇特新穎，羅賓糖立刻聞名全國，銷量像長了翅膀一樣，迅速上升。

其他糖果商在此啟發下，也蜂擁而上，紛紛模仿此法。羅賓就更進一步，買到「幸運」糖的人不僅免費，還會多幾顆糖作為獎勵。後來他在食品裡裝其他禮物，諸如玩具、漫畫、手槍玩具等小物品。如此一來，羅賓糖始終走在同行的前列，轉眼間，他就擁有了 800 多萬美元的資產。

油漆店送刷子

> 油漆店送刷子，這一招看似平常，實為油漆店對顧客的感情投資。當顧客對油漆店產生好感時，油漆店就不愁沒有顧客了。

美國佛利蒙市有一家油漆店，生意做得並不理想。油漆商特利斯克為了吸引顧客，推銷油漆，想出了一個主意。

經過一番市場調查，他先選定了一批有可能成為顧客的人，為 500 個準顧客各寄了一把油漆刷子的木柄，同時寄

了一封介紹商店的信，請顧客憑信到店中領取刷子的另一半 —— 刷毛頭。結果呢？只有100多人前來，雖然其中的大部分除了領走刷毛頭外，也買了油漆，但並沒有達到引來大批顧客的初衷。

效果雖然不太理想，但畢竟有一點成果。怎麼吸引更多的顧客前來呢？特利斯克想，油漆刷子的木柄扔掉並不可惜，它對顧客的吸引力也並不大，顧客為此專門跑一趟未必值得，如果是一把完整的刷子，大部分的人就不一定捨得扔掉了，而且如果想買油漆的話，當然會想到送刷子的油漆店，如果我再稍微降價，來購買的人肯定會比之前多。於是，他改變了方法。特利斯克又寄了油漆刷給1,000多個有可能成為顧客的人，同時也寄了一封有聲有色的信：

> 朋友，您難道不願意為您的房子上油漆，讓貴宅換上新裝嗎？
> 為此，敝店特地贈送您一把油漆用的刷子。
> 敝店從今天起3個月內為特別優惠期，凡是手執信函前來敝店的主顧，油漆一律8折優惠，敬請別錯失好機會。

油漆店這一招使許多人產生了好感，不久，有750人到商店來購買油漆，後來，他們都成為特利斯克的老主顧。隨著越來越多的人光顧，油漆店的生意也越來越好。

頭腦決定財富

　　頑強堅韌的個性，必備的知識與才能，以及正確巧妙的思考技巧，對致富而言，就像是機器內部的硬體構造。大多數人並不缺乏知識與才能，但卻沒有一個正確巧妙的思考技巧，這正是他們沒有創造出財富的原因。拿破崙‧希爾（Napoleon Hill）說：「思考即財富。」

周玉鳳的生財之道

看到一個好產品，精明的商人要學會判斷其市場是否有前途。精明的周玉鳳，從報紙上看到一個消息，竟開始把小草作為自己經營的商品，結果利潤如潮水般湧來。

臺灣「天作實業公司」的女老闆周玉鳳，從報紙看到這樣一個訊息：科威特因為完全是沙漠，每年需要進口大量泥土種植花草，美化環境。這條簡單的訊息啟發了這位有經商頭腦的老闆，她認定小草可以作為商品，它會比泥土更有發展前途。於是，她投入資金，請科學研究部門和專家協助研究一種可以不需要泥土種植的小草。不久，果然獲得成功，小草成為天作實業公司的發展之源。

天作實業公司研究出來的小草，準確的說，應為「植生綠化帶」，是一種可以大量生產的標準草皮。它的構造，首先是用化學纖維與天然纖維製成「不織布」，然後把青草種子和肥料均勻灑在兩層「不織布」之間，捲成一卷，再把它包裝好，由商店進行零售。買家在使用時，只要把這些「不織布」鋪在地上，再鋪一層薄薄的泥土或稻草乾，每天灑水保持溼潤，不用一個月的時間，這些地毯般的「不織布」就會長出綠油油的小草，這與在泥土地上種出的草坪毫無二致。

　　這種「植生綠化帶」優點很多，它到處都可以「種植」，不管是在泥土地上或沙漠上，乃至大樓的屋頂陽臺，只要把「不織布」鋪開和保持溼潤，綠草就會如期長出來。它既可以防止灑水時把種子沖走，又能保持水分使小草均勻生長，成本低、存活率高，種植成功率幾乎達到百分之百。正因為它比泥土種植草坪方便，所以很受建商等買家歡迎，一上市，生意就十分興隆。

　　「植生綠化帶」原本是日本首先開發的，但因為疏於對「不織布」的仔細研究，它的化學纖維成分搭配不當。因天然纖維只占 20%，化學纖維占 80%，這樣構成的「不織布」空隙較多，草的種子容易流失和被水沖走，這樣一來，植被存活率必然不高。天作實業公司針對日本產品的這些弱點，對「不織布」進行了改良，使用天然纖維和化學纖維各50%，結果克服了日本同類產品的弱點。

　　天作實業公司的研發成功後，沿著訊息提供的方向，派員到科威特、沙烏地阿拉伯等寸土難得的國家去推銷這種「不織布」，並在當地進行「植生綠化帶」的示範種植，宣傳它可以美化環境，見效迅速，還有定沙、防沙的優點。經過三個月的推銷活動，很快說服了當地人，連酋長和王子都得意的稱這種產品是「臺灣創造的現代神毯」。現在，天作實業公司的小草生意越做越大，來自世界各地的訂單應接不暇，利潤如潮水般湧來。

一則新聞造就成功

日本有一個企業家名叫古川久好，他之所以能成為企業家，完全得力於當時報紙上一則普普通通的新聞。

古川久好原本是一家公司的小職員，平時為老闆做一些文書工作，跑跑腿，整理資料。做這種工作，付出的力氣不少，薪水卻不多。因此，他整天滿腦子想的就是如何發財致富。

皇天不負苦心人，一天，他終於從報紙上看到了這樣一個消息：

現在美國正在大量使用一種自動販賣機，這種販賣機不需要人看守，一天 24 小時都可以銷售商品，在什麼地方都可以營業，它為人們帶來了極大的方便。專家預測，隨著時代的進步，科技的發展，這種新的售貨方式必將會成為主流，消費者也會很快接受這種方式。

古川久好看完這條消息後仔細思索著，他認為現在日本還沒有一家公司經營自動販賣機，而將來日本必然會進入自動售貨的時代。他對自己說，這種沒有什麼成本的生意是再合適不過的了。要發財，就應該抓住這個機會。

有了這個想法，他就立刻開始行動，向親戚朋友籌款借錢購買自動販賣機。經過一番努力，他籌到了 30 萬日元。

　　對一個小職員來說，30 萬日元不是一個小數目！他用這筆來之不易的「巨款」買下了 20 臺自動販賣機。他把這 20 臺自動販賣機放在酒吧、電影院、車站、碼頭等人潮比較多的地方，裡面放上一些日用商品、酒類、飲料、流行雜誌等。

　　他的事業就這樣開始了！

　　新鮮的東西一般都會引起人們的注意，大家第一次看到公共場所的自動販賣機，一種試一試的心情油然而生，紛紛往販賣機裡投硬幣，取出自己需要或不需要的物品。通常的情況是一個自動販賣機裡只放一種商品，顧客可以從不同的販賣機買到自己需要的物品，非常方便。

　　只花一個月的時間，古川久好就足足掙了 100 多萬日元。他馬不停蹄，又用這 100 多萬日元購買了更多的自動販賣機，擴大經營規模。5 個月的時間，他還清了各種借款的本金和利息，淨賺近 2,000 萬日元。

　　其他人看到古川久好的自動販賣機很賺錢，也摩拳擦掌，準備加入這個行列。這時他的腦子又開始盤算了：如果很多人都來做這一行，勢必會引起激烈競爭，往往會兩敗俱傷。既然有很多人要從事這個行業，那麼就一定需要更多的自動販賣機。他馬上決定：製造自動販賣機。

　　他立刻投資開了一家工廠，研發出了一種「迷你型自動販賣機」。這種新產品的外觀嬌小可愛，可以當擺飾品，又

能夠引起顧客的興趣。這種自動販賣機一上市，立即受到消費者的熱烈歡迎，很快就成了暢銷產品。這種售貨機每臺售價 40,000 日元，裡面可以存放約 20,000 日元的商品，只要有 60,000 日元的資金，就可以靠它生出新錢來，幾乎沒有什麼風險可言。這種沒有風險的生意很受歡迎。

沒過幾年，這種銷售方式就在日本流行起來，古川久好因此發了大財。

「擒賊擒王」的策略

> 戰場上，局勢瞬息萬變，商場中，市場變化也是千姿百態，那如何掌握它然後贏得商戰呢？英國一家商店的望遠鏡生意便是運用了「擒賊擒王」這一個謀略的生動實例。

當時，英國王子查爾斯和戴安娜要在倫敦舉行斥資 10 億英鎊、轟動世界的婚禮。

消息傳開，倫敦城內和英國各地很多廠商、老闆幾乎同時都看準了這一機會，絞盡腦汁想發一筆大財。

糖果工廠在包裝盒上印上王子和王妃的照片，一些紡織、印刷企業，都對產品的裝飾進行了重新設計，印上了具有結婚紀念意義的圖案。

豪華的婚禮，給商人帶來巨大財運，但錢賺得最多的卻

是一家經營望遠鏡生意的商店。

典禮之時，從白金漢宮到聖保羅教堂，沿途擠滿了近百萬群眾。

當站在後排的人們正在為無法看到前面的街道場景而焦急萬分時，突然背後傳來叫賣聲：「請用望遠鏡看典禮，1 英鎊一個。」

長長的街道兩旁，在同一時刻裡，數百名兒童手裡拿著用馬糞紙配上玻璃鏡片製作的簡易望遠鏡跑過來，片刻間，一大批望遠鏡被搶購一空，這家商店發了一大筆財。

賣水賺錢的亞默爾

> 在追逐主要目標的過程中，會有隨之而生的次要目標與機遇，大家都在蜂擁而上搶第一志願時，去搶第二志願不失為明智之舉。

十九世紀中葉，美國加州傳來發現金礦的消息。許多人認為這是一個千載難逢的發財機會，紛紛奔赴加州。17 歲的小農夫亞默爾也加入了這支龐大的淘金隊伍，他與大家一樣，歷盡千辛萬苦，趕到了加州。

淘金夢是美麗的，做這種夢的人也很多，而且還有越來越多的人蜂擁而至，一時之間，加州遍地都是淘金者，金子

自然越來越難淘。不但金子難淘，而且生活也越來越艱苦。當地氣候乾燥，缺乏水源，許多不幸的淘金者不但沒有一圓致富夢，反而身染重疾不幸喪生此處。小亞默爾經過一段時間的努力，和大多數人一樣，沒有發現黃金，反而被飢渴折磨得半死。一天，望著水袋中僅剩下的一點點捨不得喝的水，聽著周圍人對缺水的抱怨，亞默爾突發奇想：淘金的希望太渺茫了，還不如賣水呢。於是亞默爾毅然放棄尋找金礦的念頭，將手中挖金礦的工具換成挖水渠的工具，從遠方將河水引入水池，用細沙過濾，成為清涼可口的飲用水。然後將水裝進桶裡，挑到山谷一壺一壺賣給找金礦的人。

當時有人嘲笑亞默爾，說他胸無大志：「千辛萬苦趕到加州來，不挖金子發大財，卻做起這種蠅頭小利的小買賣，這種生意在哪裡都能做，何必跑到這裡來？」

而在年輕的亞默爾眼裡，在此地賣水不會亞於淘金子，因為哪裡有這樣的好買賣，把幾乎無成本的水賣出去，哪裡有這麼好的市場？亞默爾毫不在意，不為所動，繼續賣他的水。

結果，除了少數幾個幸運兒之外，大多淘金者都空手而歸，而亞默爾卻在很短的時間裡靠賣水賺到 6,000 美元，這在當時可是一筆非常可觀的財富。

酒吧式電影院

酒吧式電影院很懂得適應追求新奇、刺激的現代人的需
要,而這些產業往往生命力很強。

美國有兩個兄弟,哥哥叫吉姆,弟弟叫約翰。他們倆經
過研究,想出了一個十分新奇的點子,在佛羅里達州的一個
購物中心租下場地,並投資 20 萬美元,建造一個餐廳電影
院:讓電影觀眾如同來到酒吧的顧客一樣,坐在舒服的椅子
上吃著三明治,喝著啤酒,同時悠然自得觀看電影。這家嶄
新的電影院沒有傳統的成排固定的座椅,而是有著寬大的桌
椅,穿著燕尾服的服務員往返其間,為觀眾兼消費者送上三
明治、義大利脆餅、啤酒及各種飲料,店面裡的布置顯得大
方得體,雅趣天成,一掃過去電影院那種沉滯的氣氛,而充
滿了在家中與親朋好友相聚的舒服氣氛。

這種別出心裁的新型餐廳電影院一出現,便得到當地人
們的稱讚,尤其符合青年人的胃口,蜂擁而至的人們毫不猶
豫將錢送給電影院。很快,第二家餐廳電影院又開張了,依
然受到好評,於是一發不可收拾,兄弟兩人陸續在全美推出
了類似的電影院有 21 家。

進入餐廳電影院只須付 2 美元門票,這比一般電影院的
門票少 3 美元,而其中的奧妙就在於:商機來自食物和飲料。

白天，餐廳電影院不放映電影，他們就將電影院出租，提供他人舉行會議、產品展示會，出租收入也很可觀。

植樹留念救活了山本旅館

> 一個生意清淡的旅館，在進行別開生面的宣傳之後，竟然起死回生。這一切都要歸功於老闆的聰明智慧，以及旅館後面的荒山禿嶺。

日本有名的山本旅館館址僻處一隅，自開業以來一直生意清淡，正處於危急之中。

有一天，旅館主人眼望著旅館後面的荒山禿嶺出神。有道是「天時、地利、人和」，而這裡首先是沒有奇特誘人的風景，缺少舉世聞名的文物古蹟。怎樣才能把顧客吸引來呢？望著，望著，主人心裡突然產生了一個新主意……

不久，該城的大街小巷貼出一份奇特的海報，落款是「山本旅店啟」，海報上寫道：

親愛的旅客：您好！本旅館附近擁有常流的清泉，後山有大片空地，寬闊無邊，滿山的青草是一望無際、廣闊無垠，在這浩瀚的山野上，還有許多奇花異草來點綴，真是錦上添花。這是個多麼美好的地方，更令人高興的是，我們歡迎您前來種下一棵小樹，本店可委派專人幫您拍照留念。樹上還可掛上一塊木牌，上面刻下您的尊姓大名和植

樹日期，這樣當您再度光臨之時，定能看到您親手栽下的小樹已枝繁葉茂。本店只收取樹苗費 2,000 日元，並將永久代管您植的樹。

這張小小的海報很快就傳開了，人們議論紛紛，互相轉告：「喂，我看在旅館後面植樹留念，倒真是一件挺有意義的事呢！」

「對呀，我的小孩剛好今年出生，要是去那裡為他種棵同齡樹，該有多麼深的意義啊！……」

很快，山本旅館不再為客源煩惱了，種植紀念樹的人紛紛前來，呈現一派熱鬧非凡的場景。客人之中，有天真爛漫的兒童，舞墨吟詩的文人，有腰纏萬貫、一擲千金的巨富，也有專心於學業、追求功名的學子，有治國安邦、日理萬機的政界要人，也有普普通通、忙忙碌碌的尋常百姓。顯然，在他們的心中，都有著一片難以忘卻的鬱鬱綠洲。

因為顧客多了起來，山本旅館不僅全數留下了原本因經營慘澹而準備辭退的店員，還新招募了一批服務生。幾年後，山本旅館的後山上已是林木蔥蘢、風景迷人。當然，旅館的主人也就此賺足了錢，而原先陳舊不堪的館舍也被雕梁畫棟、氣勢恢宏的山本賓館取代了。

 **頭腦決定財富**

「拍立得相機」的奧祕

俗話說，只怕想不到，不怕做不到，「拍立得相機」的
問世再一次說明了這個道理。

埃德溫‧蘭德（Edwin H. Land）很喜歡為女兒拍照，而
每一次女兒都想立刻看到父親為她拍攝的照片。

有一次，他對女兒說：「照片必須全部拍完，等底片捲回
來，從照相機裡拿下來後，送到暗房用特殊的藥水顯影。而
且，負片完成之後，還要照射強光讓它映在別的相紙上面，
同時必須再經過藥水處理，一張照片才能完成。」

女兒說：「難道沒有馬上就可以看到相片的照相機嗎？」

他沒有責怪女兒，而是說：「等等，讓我想想。」

他自己問自己：「難道不可能製造出『同時顯影』的照
相機嗎？」

在那個時代，只要是有一點攝影常識的人，聽了他的想
法之後，都會異口同聲說：「怎麼可能！」還可能會舉出很
多理由，然後說：「簡直是異想天開。」但是他卻沒有因為
別人的反對而退縮，他抓住這個契機，終於不畏艱難的發明
了「拍立得相機」。

這種相機的作用完全符合女兒的要求 —— 馬上看到照
片。蘭德企業就這樣誕生了。

　　「拍立得相機」正式開始生產以後，他不知道應該如何宣傳和推銷這種新式相機。經過慎重考慮，蘭德請來了當時美國頗有名望的推銷專家——霍拉·布茨。

　　布茨一見這種相機立即就產生了好感，很高興的接受了他的邀請，專門負責行銷「拍立得相機」。

　　邁阿密海灘是美國的旅遊勝地，每年都有很多人來這裡度假旅遊。精明的布茨認為，邁阿密就是推銷「拍立得相機」的最佳理想場所。他專門僱用了一些演技高超、身材曲線優美的妙齡女郎，叫她們在海濱浴場游泳時假裝不慎落水，然後再由特意安排的救生員救起，驚心動魄的場面引來了許多圍觀的遊客，這時，「拍立得相機」大顯身手後，一眨眼的功夫，一張張記錄當時場面的搶拍照片就放在人們的眼前了。

　　很多遊客看到照片都驚訝不已，推銷員便趁機推銷這種相機，這樣一來，「拍立得」相機便迅速由邁阿密走向全美國、走向世界，成了市場的熱門商品而暢銷不衰。

　　蘭德公司因此生意興隆，名聲大振。

用小魚釣大魚

四川有個叫魏金富的人，原本很窮，沒有固定收入，做過推銷員，做過運輸業，也當過店員。後來因一個偶然的機會，一個神奇絕妙的點子突然撞入了他腦海。他欣喜若狂，從此走上了致富之路。

一個星期天，魏金富路過一家魚店，忽然被一對母女的對話吸引了。那個小孩子想買漂亮可愛的金魚，媽媽不同意，說：「你手上已經抱了這麼多玩具了，還要花錢？金魚一隻好幾塊錢，好貴啊！」但是小孩不肯走，母親只好硬拉，最後小孩哭哭啼啼的離開了。

這件事本來沒有什麼大不了，但魏金富卻覺得其中有什麼東西觸動了他，啟動了他的靈感之門，露出了一絲致富智慧之光。他想：「小孩有那麼多玩具，卻要金魚，表示在小孩子眼裡，根本不知道近百元的玩具和幾塊錢的金魚哪一個貴，只知道金魚漂亮可愛得多。小孩子的消費觀念具有不穩定性，今天想要這個，明天想要那個，只要抓住這個不穩定趨勢的時機就容易賺錢。何不用免費贈送金魚的辦法來推銷更貴的商品呢？金魚可以用來推銷食品、服裝、書籍等，難道不能用來作為遊戲贏家的獎品嗎？金魚可愛，蝴蝶不可愛嗎？螢火蟲不可愛嗎？這些東西價格沒有很高，但很漂亮，

可能會吸引小孩的東西，都可用來幫助推銷，還可以用小東西來吸引大眾，還可以倒過來用大東西幫忙推銷小東西，用暢銷品連帶著賣出滯銷品……」這個點子讓他浮想聯翩，思考萬千，激動不已。

　　他找五六個朋友借了 7,000 元人民幣，買了許多玩具、食品，這些都是低價買進的。他又來到水族店，買了 2,000 條小金魚，價格比大金魚便宜很多，他還請人印了許多海報，於是，他的商戰就全面開打了。

　　他的小店坐落於整個城市各處，只要小孩子多的地方就有他的小店。眾多海報吸引著孩子們拉著父母到「免費贈送」處去買東西。隨著海報的散布，越來越多的孩子拉著父母來了。魏金富成功了。

 **頭腦決定財富**

勇氣鑄造夢想

有付出才有回報，沒有艱辛的付出，就不會有甘甜的收穫。一個不停奮鬥、面對生活的人，生活給他的回報，必定也是豐厚的。這還不是他們所得到的全部，他們得到了比物質更重要的經驗：「每一次挫折都伴隨著一顆同等價值的成功的種子。」

只要不斷努力，便沒有「不可能」

> 許多事情，正是由於你的不懈努力才獲得了良好的成果，當你決定做一件事的時候，只要堅持就沒有「不可能」的事，有這樣一種態度，你肯定會把事情做得很好、很出色。

有一次，松下幸之助來到了松下電器，幹部們正在開會。松下問他們：「今天開什麼會？」有人苦著臉說：「豐田汽車要求大幅度降價。」詳情是豐田要求從松下電器購買的汽車收音機的價錢，自即日起降價 5%，半年後再降 15%，總共降價 20%。豐田提這種要求的理由是：面臨貿易自由化，與美國等汽車業競爭的結果，日本車售價偏高，難以生存。

豐田為了降低售價、提高競爭力，因此希望供應汽車收音機的松下電器工業也降價 20%。當時的日本並不像今天一樣能夠製造又好又便宜的汽車，那時候的情況的確是非常艱苦。

在了解情況之後，松下問：

「目前我們的利潤如何？」

「大概只賺 3% 而已。」

「才這麼一點？ 3% 實在太少了一些。在這種情況下還要降 20%，那怎麼得了！」

「就是因為這樣，大家才在開會研究。」

會議是要開的，不過松下覺得這個問題恐怕沒有那麼容易解決。目前才賺 3％，如果再降 20％，那豈不是要虧 17％？按一般常識而言，這種生意還能做嗎？

松下電器固然也可以一口回絕豐田汽車的要求，而且大多數人也很可能這麼做。然而如果情況特殊，讓價 20％ 是否值得考慮呢？假如光想著「這怎麼可能」的話，松下認為還是有欠思考。所以松下先拋開一般的這種想法而站在豐田的立場仔細來看這個問題。松下想，假如換成是松下電器的話，在面臨貿易自由化的情況下說不定也一樣會提出這種要求。

雖說松下電器聽到了這樣的要求不免大吃一驚，然而豐田本身必然也為如何才能降低成本以及謀求發展而大傷腦筋。因此，雖然就降價的幅度本身而言，的確是過分了一點，但松下電器也要謹慎考慮到如何才有辦法降價去達到豐田的要求。

方法還是有的，但想法卻必須要改變。照現在設計的產品，要降低 20％ 事實上是絕不可能的事情，因此非有新的想法不可，所以松下就指示大家說：「在性能不可以降低、設計必須考慮對方需要的兩個先決條件下，大家不妨設法全面更新設計。最好是不僅能夠降低成本 20％，而且還要有一點適當的利潤才可以。

「在大家完成新設計之前，虧本也是無可奈何的事情，這不光只是為了降價給豐田，而且還關係到整個日本產業的維持及發展問題，無論如何是非做不可的，希望諸位能夠努力完成任務。」

一年後，松下又問到有關這件事情進行的情況，結果松下電器不僅做到了如豐田所希望的價格，而且還能獲得適當的利潤。這可以說是因大幅度降價壓力而激發出來的一次成功的產品革命。

不管是經營事業也好，做其他事情也好，只要是抱著「這根本不可能辦到」的想法，任何事情永遠都不會成功。

失業再起不是夢

失業是「不幸」，誰能說失業是件好事呢？但是，一個不容爭辯的事實是，如果沒有當初的失業，也就不會有今天當總經理的田晚霞。

田晚霞原本是西安縫紉機臺板廠計量室的職員。當在第一批失業職員名單上看到自己的名字時，田晚霞嚇呆了。現實是無情的。上有老人要撫養，下有小孩要上學，在朋友的介紹下，田晚霞來到西安百貨大廈，為一位賣鞋的老闆工作。雙方議定月薪150元人民幣，每賣一雙男鞋另加0.5元，

166

一雙女鞋另加 0.3 元，一連站了 3 天櫃檯，她不敢開口說一句話，眼睛老是盯著商場入口的人潮，看有沒有熟人。她怕別人看見自己在站櫃檯，結果 3 天一雙鞋也沒賣出去，晚上，田晚霞久久不能入睡，是要面子，還是要工作，怎麼在這兩者之間做出選擇？最後她決定拋棄虛榮心。

成功邁出了第一步之後，田晚霞開始認真學習有關鞋的知識和銷售用語，學身邊營業員成功的推銷方法，摸索顧客的消費心理和需求，不斷提高服務品質，銷售額很快就名列前茅，老闆也給她加了薪。這種平靜的生活持續了將近半年。

西元 1994 年，在一個親戚介紹下，田晚霞到北京去工作，她告別家人和兒子，離開她深愛的故鄉，獨自一人到外面去「闖世界」。她拚命學習財務知識、鑽研會計業務，很快便能勝任出納工作，同時兼做四五項其他工作，在工作之餘，她開始把眼光投向了公司琳瑯滿目的汽車美容產品。日積月累，她漸漸對公司 370 多種產品的用途、功效有了詳盡的了解，有時便主動向客戶介紹這些產品。她介紹起各種汽車美容產品，如數家珍。

老闆發現田晚霞有行銷才能，就找她去談：「做出納、會計，只會數錢，而且永遠被人僱用。你有行銷才能，應該去做行銷，這樣將來可以自己做老闆。」這番話對田晚霞的衝

擊很大。她在完成出納工作後,開始兼做公司其中一個區域的銷售工作。

1996 年元旦,田晚霞將自己打算在西安開汽車護理店的想法告訴了老闆,老闆很支持她。於是,田晚霞結束了兩年多的工作,回到了西安,開始用勤勞的雙手編織她的老闆夢。

春節剛過,西安的早春依然寒風襲人。田晚霞到咸陽的姐姐家去串門子時,途經咸陽防洪渠,發現旁邊有一個布滿糞便的大坑,大約有一畝多的地。這裡緊靠公路,公路上車水馬龍,川流不息。田晚霞突然想到,在這裡開一個洗車店,生意一定很好。於是經過一番努力,咸陽第一家美國「龜博士」汽車美容保養屋就這樣開張了。

田晚霞心裡明白,汽車美容保養屋想要生存和發展,一要靠良好的產品品質,二要靠優質服務。憑她對美國龜牌產品的了解,前者不成問題,後者將取決於她自己的努力。大家都知道,擦車、洗車是一種既髒又累的工作,並且利潤極低,田晚霞並沒有因為自己是老闆,而只說不做,相反的,她主動清車、洗車,一天下來,累到連骨頭都要散了,但她心裡卻很快樂。田晚霞靠著自己的勤奮和周到的服務,使「龜博士」汽車美容一下子在轟動了咸陽,不到一個月便收回全部投資的成本,接著又很快發展了幾家連鎖店。

　　由於「龜博士」在咸陽的巨大成功，西元 1996 年美國「龜博士」汽車用品公司總裁赴陝西考察時，對田晚霞大力稱讚，決定任用田晚霞擔任「龜博士」系列產品在陝西的獨家總經銷商。

　　在咸陽的汽車美容陣地得到鞏固以後，田晚霞又在西安謀求更大的發展。她騎著腳踏車跑遍了西安的大街小巷，最後在老機場附近看中了一個無人問津的垃圾堆。又一場創業之戰打響了……1997 年 7 月 8 日，西安索喬海辰汽車用品有限公司正式掛牌開業，田晚霞擔任了公司的董事長兼總經理。開業之後，公司生意興隆，客戶日增，很快，公司已擁有 15 名員工，4 名管理人員，總資產高達 70 多萬元人民幣。

艾科卡背水一戰

> 在艾科卡四十多年的創業史中，遇到過無數的挫折和困難，但每一次在惡劣的環境中，他都能夠變被動為主動，憑著堅強的意志，創造了一個個震驚世界的奇蹟。

　　西元 1980 年 1 月 1 日，在金融危機的衝擊下，昔日輝煌的克萊斯勒公司也在風雨之中搖搖欲墜，瀕臨破產。無奈之下，他們決定請李・艾科卡（Lido Anthony Iacocca）出山。

　　艾科卡毅然捨棄了福特公司的高薪厚祿，欣然前往，接

任了克萊斯勒汽車公司董事長和業務主管。

此時的克萊斯勒公司幾乎到了崩潰的邊緣，依靠政府的救濟為生，艾科卡卻認為這正是他力挽狂瀾、一展抱負的好時機。他上任不久，在對公司進行了一番仔細的調查之後，就對公司進行了大刀闊斧的改革。2 年的時間裡，38 位前副總裁被辭退了 32 個，原來的 52 個工廠，關閉了 16 個，僅在 1980 年這一年，公司就裁掉了 700 多位白領職員，解僱了 800 名工人，光是關閉工廠和裁減人員兩項就使生產費用由 21 億美元降到了 18 億美元。

財政危機是克萊斯勒最嚴重的問題。艾科卡經過深思熟慮，決定向政府求援，他先在政界做了大量工作，將國內外 150 家銀行的催還貸款單壓在抽屜中，以保證生產所需的資金；為了使工會在要求增加薪水方面作出讓步，他將自己的年薪降低 10,000 美元，也降低了員工們的薪水，並許諾公司一旦盈利，會補發所有降低的薪水。「世上無難事，只怕有心人」，經過他的一番艱苦努力，公司獲得了國會提供的 15 億美元的貸款擔保，從而有了挽救的機會。公司打了這支「強心針」後開始復甦。

1982 年，經過全公司上下同舟共濟、奮力拚搏，公司情況逐漸好轉，汽車銷售量逐年增加，利潤大幅度成長。於是公司作出決定，立即償還全部貸款，這比償還期限提前了 7

年。1983 年 7 月 13 日，艾科卡在美國新聞俱樂部宣布償還政府債務。一時艾科卡又成了美國人談論的傳奇人物。1983 年，在美國的民意調查中，李‧艾科卡被推選為「左右美國工業部門的第一號人物」。1984 年，由《華爾街日報》委託蓋洛普公司進行的「最令人尊敬的經理」調查中，艾科卡居第一位。同年，克萊斯勒公司盈利 24 億美元，在克萊斯勒公司逐漸走出金融危機的陰影大獲成功的時候，美國經濟也開始復甦，美國經濟界普遍將克萊斯勒公司的經營好轉視為美國經濟復甦的標誌。

克萊門提‧史東的勇氣

> 當面臨選擇時，當機立斷是節約時間與精力的最好方法；面臨困難，堅定自己的信念，是達到成功的最有效途徑。這是克萊門提‧史東留給我們的最有用的兩個經驗。

克萊門提‧史東出生於西元 1902 年 5 月 4 日的美國，父親早逝，只剩他和母親過著不寬裕的生活。母親辛勞工作又有經濟頭腦，做了一家保險公司的推銷員。為了減輕母親的負擔，他開始做報童。放假期間，在媽媽的鼓勵下，他開始嘗試為保險公司做推銷員，幸運的是，他很快拉到了兩個客戶，這對於一個像他那樣未成年的孩子來說，無疑具有里程

碑一樣的意義。有了第一次成功的欣喜，他的推銷經驗越來越豐富，興趣也越來越濃，順利時，一天可拉到 20 個客戶，所以，他的佣金也就隨之上漲。但他的這種行為卻違反了學校規章中的條款，因而被校長批評、奚落，氣憤之餘，他決定退學。

這個決定給了史東一個充分發揮自己能力的空間，在他還未滿 20 歲時，他一天已能拉到 40 位客戶了。

在史東剛滿 20 歲那年，他隻身一人去了芝加哥，在那裡創辦了一家保險代理公司，他將這個公司取名為「聯合保險代理公司」。開張的第一天，生意就很好，有 50 多位客戶投保。公司的信譽受到當地人的好評，史東因此而信心十足。公司的業務範圍不只在芝加哥，還擴展到其他州，生意前景越來越好，有一天他居然拉到了 120 多個客戶，真令人難以置信。

公司規模擴大，客戶增加，他一個人已經無法支撐所有工作，他開始招募員工，他從應徵者中受到啟發，於是在各州開展業務，並且制訂了十分嚴密、周詳的管理制度，因此，他的經營在各地發展得都很好。那時，他還不到 30 歲。而此時又一個難題擺在了他的面前：全國性的經濟不景氣，對於投資保險業是個不小的打擊，但他並不灰心，告訴雇員們成功的兩個要訣：一、要以有決心和樂觀的態度對待工作，

這樣就有利可得；二、推銷能否成功，要看推銷員的態度是否樂觀，而絕非市場的好壞，在 1,000 多名雇員中，有 200 人深得要訣而留下了，這 200 人比以前 1,000 人時的業績還要好。

　　1930 年代的史東已是年輕的百萬富翁，擺在他面前的問題是繼續做保險代理，還是自立門戶？年輕的百萬富翁選擇了後者，他決定成立自己的保險公司。這時正巧趕上曾經興盛一時的賓夕法尼亞傷亡保險公司要出售 —— 因為經濟不景氣，生意蕭條，這家公司已經停業，公司所有者巴的摩爾商業信用公司準備以 160 萬元將之出售。這對史東而言，真是個千載難逢的好機會，但他沒有那麼多的錢，於是就有了如下一段有趣的話：

　　「我想買下你們的保險公司。」

　　「可以，160 萬，你有那麼多錢嗎？」

　　「沒有，不過我可以借。」

　　「跟誰借？」

　　「跟你們借。」

　　儘管這段對話聽起來有些滑稽，細想一下不無道理。商業信用公司可以向外貸款，史東當然可以用商業信用公司貸款來買下這家保險公司。

　　這個公司就是後來美國混合保險公司的前身。雖然剛買

下時這家公司的經營規模並不大，但在史東的一手管理下，其規模不斷擴大，範圍也越來越廣，不僅遍及了全美，而且也擴展到了海外。截止到 1990 年，公司的保險總額達 2.13 億美元，公司擁有 5,000 位保險推銷員，這些推銷員大多受史東「積極的工作態度」的影響，做得相當出色，其中有不少人也已跨入百萬富翁的行列。

劉建不怕吃苦的精神

> 溫州人善於做生意、能吃苦會賺錢，這似乎已經成了溫州人的定義。劉建便是一個地道地道的溫州人，用他的話來說：「我今天的成果，是被環境所迫。」

劉建童年時代的生活是「風光」的，家庭環境十分優渥。他父親很有生意頭腦，在他還很小的時候就已經在貴州包下了一個規模不小的磚窯廠，擁有一輛屬於自己的車。但是，生意場上，浮浮沉沉也是常有之事。幾年下來，磚窯廠由於選址不當以及一些策略上的失誤，以欠債好幾萬人民幣結束，父親也回到了溫州。

當時，雖然劉建年紀小，但是他已經能讀懂別人的眼光了，以前圍在他們家身邊的人一下子少了好多，現實就是這麼殘酷。但是，生活還是要繼續：由於餛飩投資少，收益快，

劉建一家就以 100 元重新創業，每天早上在街口賣餛飩。他們沒有選擇逃避，他們只能勇敢面對生活，幾萬塊的債務，他們就算賣餛飩也要還清。

少年時代的劉建就已經深刻體會到了從「無限風光」到「跌入低谷」的無奈和尷尬，也就是從那個時候開始，迫於環境，小小年紀的他就開始挖空心思想各種「小本經營之道」。

由於餛飩基本上是早上做生意，而且夏天更少人吃，更重要的是「賣一輩子餛飩也可能還不了那幾萬塊錢的債」，小小年紀的劉建開始想其他方法，下午不賣餛飩的時候他就開始賣電視報（報紙名），在市場上賣褲子，賣磁帶……

雖然都是小本經營，但在這個過程中，劉建開始思考問題：「為什麼那些店裡面的老闆做生意那麼輕鬆，而我做生意卻要在外面風吹雨淋這麼辛苦？」這點刺激了劉建想做生意、做大生意的決心。

做大生意當老闆需要本錢。正當這個時候，中國國內興起了一股淘金熱，十幾歲的劉建加入了一幫同鄉組成的淘金隊伍，前往阿爾泰 —— 一個靠近俄羅斯的「三不管」地帶。劉建回憶說：「我們就只帶了三個月的食物，準備給自己三個月的時間，不成功便成仁。那時還是 3 月分，真的稱得上是天寒地凍，我們每天就在雪地上鋪了一層墊子，其實根本

就是睡在雪地上，臉上、身上真的結了一層皮，揭開，可以看見新長出來的皮……」

幸運的是，劉建他們選擇的礦點選對了，他們挖的那個礦被他們淘到了金子。也因此，劉建終於淘到了他人生的第一桶金，但我們知道，這桶金是他用生命換來的。

有了錢，並不是馬上全數還債，劉建和父親回到家鄉後，透過市場考察，在當地開了一家小具規模的服裝賣場，很快的，幾萬塊的債務全部還清。漸漸的，劉建開始將生意擴大。

服裝產業做熟了，劉建躊躇滿志的想到轉行，「賺更多的錢」。這個精明的溫州人將目光鎖定在廣東這一帶的電子市場，確實，幾年前的電子零件產業在這一帶是「暴利」產業。

剛剛開始轉型還是困難的，但是還是溫州人做生意的韌性和不怕吃苦的精神成就了他：從一開始幫別人工作做起，慢慢學，進入這個產業，累積產業知識，累積自己的客戶。

很快，在廣州，劉建有了自己的公司，慢慢建成了一個擁有 100 多人的工廠；西元 2002 年，他常駐深圳辦事處，建立了一個完整的從設計、開發、製造到銷售的一條龍服務企業。

5,000 元創造奇蹟

一切的成就，一切的財富，都始於一個意念。當你有合理的目標，以堅強的毅力和熾熱的願望去追求，你的念頭就會轉化成最現實的財富。

李飛宏，30 歲，擁有 3 家公司，目前個人資產 2,000 萬人民幣。

當年大學畢業後，他被分發到北京一所中學教了兩年物理，存了 5,000 元。一次與朋友聊天時，他說他打算用這 5,000 元到外面闖一番事業。朋友笑著說：「5,000 元在北京連做個小買賣都很困難，別說做一番事業了！」

有一天，他將書桌的抽屜拽了出來，並且狠狠摔在地上。發洩之後，看著掉了滿地的物品，他一屁股坐在地上，這時屁股底下發出了一種怪聲音：類似於抽水馬桶的聲音，嚇得他又一下子跳起來。再定睛一看，原來是父親去美國時帶回來的一種小玩具 —— 美國的冰箱貼。冰箱貼被設計成了馬桶的樣子，用手一按，就會發出抽水的聲音。他撿起這個小東西看了半天，又將它拆開來，思索一下，突然，他發現這是個發財的機會。

第二天，他購買了一份《精品購物指南》報，從上面的分類廣告中找到了幾個希望承攬禮品製作的小工廠電話，

一一打電話去聯繫。一連找了好幾個工廠，報價都不太實在，只有門頭溝的一個小工廠好像已經好久沒有接到生意了，廠長在電話中一再強調只要有一點利潤就行。他馬上坐車去了那個工廠。廠長一看他當天就去了，顯得非常熱情，並且說只要能夠將生意給他們，不但保證品質和工期，而且價格好商量。

當天晚上，他一宿沒睡，憑著學物理的功底，他畫出了工藝圖，但是他不知如何讓它發出抽水的聲音。天剛剛亮，他就照著一個從報紙上找到的玩具廠地址跑到了大興。廠辦公室的人態度很和氣，幫他叫來了一個老技師，原來非常簡單，讓一個小零件發出聲音就解決了。

隨後，老師傅還為他介紹了一個生產這種零件的工廠，工廠報價一個零件 0.32 元，生產 300 個，3 天就可以提貨。零件問題解決後，他又坐上公車去了門頭溝。工廠報價是一個玩具 1.22 元，生產 3,000 個。

此後，他就開始跑各大賣場的玩具櫃檯，但他根本不知道這些東西該往哪裡賣，該找誰去賣；反正一天至少跑六七家商場，四處亂闖。

後來有人告訴他，賣這種既沒有商標又沒有人見過的產品，最好找私人攤位。於是他馬上到小商品批發市場，與攤販們聯繫。才剛剛將產品拿出來，這些小老闆就非常感興

趣。他定價一個 6 元人民幣，3 天時間裡，就訂出去了 1,000 個。門頭溝的這個小工廠效率也很高，5 天的時間就製作出了 1,500 多個，做工還算精細。他又訂了 10,000 個。就這樣，不到 2 個月的時間，他訂做的 13,000 個「抽水馬桶」冰箱貼全部賣了出去。扣除所有開支，他一共賺了 50,000 元。

　　拿著這 50,000 元，他開始思考新的產品。可能是因為從來沒有將自己放在那麼大的壓力下生活過，賺到 50,000 元後，他馬上就發了高燒。高燒持續不退，只好每天用冰塊降溫。有一天吃過藥後，他渾身發熱，昏昏沉沉睡著了，後來感覺脖子涼涼的，非常舒服，才發現是冰塊滑落到了枕頭上。受此啟發，高燒一退，他就開始搜尋天氣方面的資料，他推測明年的夏天應該是酷暑，而前兩年有一種「涼爽坐墊」曾經相當暢銷，如果將它製作成「冰枕」，銷路也應該不錯。這一次，他將 50,000 元全部投資了進去。當年夏天果然酷熱，儘管多個廠商同時推出「冰枕」，而且互相壓價，但是因為他的成本比較低，利潤也還算得上可觀，他的 50,000 元在這個夏天最熱的 8 月變成了 70 萬元。

擦鞋擦出 600 家連鎖店

> 丈夫、父母並沒有像往常一樣支持她，擦皮鞋的想法遭到全家人反對。當時，人們都覺得擦皮鞋是下賤的事，都市人怎麼能做這個呢？這是會被人在背後指點的。但倔強的胡桂萍卻堅持走這條路……

數年前，胡桂萍去工作的工廠裡辦失業手續。要闊別做了 15 年，留下自己青春年華的武漢國棉三廠，胡桂萍心中萬般滋味：過慣了平靜安穩的生活，如今突然要面對陌生的社會，無助和憂慮化作滾滾而出的淚水。

失業後，開計程車的丈夫不想讓她出去工作，在家帶帶孩子，做做家事就可以了。但是，胡桂萍卻不願成為家中的負擔，從此站櫃檯、擺地攤，她從沒閒過。一天，她去菜場買菜，看到一位鄉下婦女揣著一個籃子喊：「擦鞋呀！」胡桂萍突然眼前一亮：武漢這麼多穿皮鞋的人，擦鞋一定很有市場。不過她想得更遠，我不能像別人一樣只擦鞋，要做點特別的。「開店！」她突然靈機一動，「現在人們越來越講究乾淨舒適，開一個擦鞋店一定可以！」

丈夫、父母並沒有像往常一樣支持她，擦皮鞋的想法遭到全家人反對。當時，人們都覺得擦皮鞋是下賤的事，都市人怎麼能做這個呢？這是會被人在背後指點的。但倔強的胡

桂萍堅持走這條路，西元 1999 年 4 月 20 日，胡桂萍創立的全國第一家室內擦鞋店在武漢誕生了。

好事多磨。一開始沒什麼生意，看著空空的小店，胡桂萍一夜未眠。第二天一大早，她在店門口擺出一個紙箱，把一張 5 毛錢的紙幣貼在箱子上，由顧客自己投幣，來表明本店擦鞋只收 5 毛錢。她的誠意換來人們的信任，進去擦鞋的人漸漸多了起來。

生意變好了，人也累到不行。胡桂萍和她的姐妹每天每人都要擦兩、三百雙皮鞋，從早上 9 點到晚上 6 點，只要有顧客，她就一直擦，來不及吃飯和喝水，直到夜深人靜，腰痠背痛到躺在床上連翻身都翻不過來。

最讓胡桂萍難受的不是肉體上的疼痛，而是精神上的壓力。擦鞋店剛開張不久，一天，住在胡桂萍家附近的一對夫婦到了店裡，丈夫一見到她，問：「你怎麼在這裡呀？」胡桂萍正要招呼，妻子卻小聲對丈夫嘀咕：「還能做什麼，走吧，走吧。」拉著丈夫就走了。胡桂萍當時杵在那裡。

胡桂萍最大的優點就是能掌握住顧客的需求，這是她事業能做得好的重要原因。有顧客的鞋壞了，就想在店裡修一修；有的想擦完鞋之後換雙鞋墊。胡桂萍看需求，找門路，買進了修鞋設備，買進了鞋墊等鞋的配件用品，生意越做越好。

　　終於，胡桂萍和她的店引起了社會的關注，一家供貨商主動上門要求合作。2000 年 8 月，「武漢翰皇一元擦鞋有限公司」成立。如今，翰皇在全國已有 600 多家連鎖店，而且店內所有用品都用「翰皇」這一品牌。

現代社會最佳理財組合

　　一個企業的所有者，總是將所得盈利進行再投資，擴大再生產，以發展他的事業。一個人也一樣，他的財產成長，取決於他的能力以及他是否願意將他的部分收入進行再投資。這種投資可以採取多種形式：保險、租金、股票、公共債券……

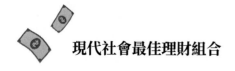

在集郵市場裡淘金

已近不惑之年的吳湘寧、連萍夫婦雙雙失業了，但他們並沒有陷入恐慌之中，而是利用多年蒐集的郵票全力投資郵票市場，結果終於闖出了一條出路。

西元 1997 年前，吳湘寧、連萍夫婦一直任職於廣州某大型副食品公司，連萍還是公司的部門經理。後來，公司虧損，吳湘寧、連萍夫婦立刻要面對即將失業的現實。出身於幹部家庭的連萍回憶起當時的情景，感慨萬分：「1997 年，全部的家當就是不到 10,000 元的存款，兩個人都快 40 歲了，以後的日子怎麼過？」

這時，連萍把目光投向家裡的幾本郵冊，她從小愛好集郵，對郵票的品質有很高的鑑別能力。1997 年 8 月 8 日，吳氏夫婦到廣州一家百貨公司租了一個位置，從出售自己收藏的郵票開始，正式投身於集郵市場。

吳氏夫婦入市時，中國集郵市場剛剛度過最高峰，市場狀況仍然十分理想。當月，他們就靠收購和出售郵票之間的差價，獲純利 1,000 多元人民幣。吳湘寧十分珍惜這 1,000 多元，「這是失業以前全家一個月的薪水。」

讓吳氏夫婦自豪的是，不少來自全國各地的郵市投資者一進郵票市場就慕名而來，就是衝著他們「質優價實」的

信譽。雖然很多人都知道誠實經商的重要性，但做起來並不容易。

1999 年，某個買家向吳氏夫婦訂購了 15 萬元的郵票，過了一週還沒有來付款取貨。這時，郵票的市價已比原價漲了 30,000 元。按照行規，在對方沒有付訂金的情況下，吳氏夫婦完全能將貨賣給別人。但是，吳氏夫婦仍然堅持了原來的承諾。而那個買家從此以後成為吳氏夫婦的忠誠顧客，每年都在他們那裡進十幾萬元的貨。他們的聲譽也因此建立了起來。

據業內人士介紹，在郵市這個充滿風險的市場裡，虧損幾十萬人民幣是很平常的事。但入行才 5 年的吳氏夫婦卻從來沒有虧過萬元以上。吳氏夫婦強調自己「不太會栽跟頭」的訣竅就是：決不炒作期貨郵品。

2002 年 3 月，郵市瘋狂炒作「步輦圖」期貨，從最高時的 36 元人民幣，掉到後來的 13 元，場內很多人都被套住了十幾萬元。但吳氏夫婦認為期貨風險太大，堅持不炒期貨，從而躲過了那次的災難。

當然，吳氏夫婦也試過跟著整體行情一起「跳樓」（即虧本拋售）。2001 年，吳氏夫婦以 19 元進了 500 本「白娘子」郵票。誰知一天後，行情就跌到 18 元。在大家還在觀望的時候，吳氏夫婦就立即拋售了這批貨。雖然他們這次交易虧了

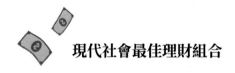

500 元人民幣，但隨後的行情很快就跌到 13 元，證明他們拋售的決定是正確的。他們認為，當拋售不可避免的時候，就要盡早止損，才能避免更大的損失。

玩熱帶魚玩成小老闆

> 誰能想到，買幾條熱帶魚回家，不但能夠增添樂趣，還能變買為賣，在玩中賺一筆。其實，無論做什麼，只要多用心，多動手，離賺錢也就不遠了。

小文 30 歲出頭，在工廠做維修工，任職單位屬於那種「餓不死也肥不了」的企業，每月也就只有 800 元人民幣，最苦悶的是上班閒著，下了班無事可做。數年前，某一次逛市場，他看準了青石橋的熱帶魚。

養魚使生活多情趣。但魚價也令普通人咋舌，高檔的金龍、銀龍、七彩神仙，售價數千至上萬人民幣，一對銀龍仔魚，起碼要 1,000 元人民幣。中檔的如鳳凰、接吻魚、虎頭鯊，通常也要數十元一對。

每天下班，小文就忙著研究這些寶貝，有時半夜還起床悄悄觀察魚。熱帶魚對水、餌食甚至水草的要求都很苛刻，家庭養魚通常不易存活。雖然很小心，但還是出了事。一次，一條雌性虎頭鯊病快快的躺在水面，請來的專家告訴

他，是感染了一種病，需要更換水族箱，否則肯定會傳染其他魚。

有了這次教訓，小文專門買了幾套關於熱帶魚的書。他說：「養魚的每一項都有學問，只能多向書本和專家討教。」在挑選水族箱、砂石、採集或購買餌食、每日投餌量、抗病上，他更加小心了。

真正結出果的時候，是「魚媽媽」們產下第一批孩子後。第一次賣出大小 6 對熱帶魚，居然相當於自己半個月的薪水。之後，「孩子」越來越多，品種越來越多，水族箱的規模更大了。

第二年，小文租了房子。第三年，他已經在市場裡開了一間熱帶魚店面，收了徒弟，成了遠近聞名的「魚」老闆。

理財專家自己如何理財

小劉是某銀行理財中心的理財經理，主要工作就是幫別人理財。很多人不禁好奇：從事理財工作的他自己是如何理財的呢？

小劉學會理財也不是一朝一夕的事，是在實作中逐漸摸索出來的。5 年前，剛開始工作時，他每月賺的薪水都交給媽媽「保管」，自己花錢再向媽媽要，基本上處於「無財可

理」的狀態。沒過多久，小劉覺得自己不夠獨立，與媽媽商量，自己來「管錢」，媽媽欣然同意。從那之後，小劉的理財生涯正式開始。起初，他還沒有理財的概念，每月薪水花剩的，就存在銀行裡，可以拿到一點點利息。

後來，他覺得自己花錢太沒有計畫性，一年下來並沒有太多結餘，於是制定消費計畫，每月強制自己將一定比例的薪水用於儲蓄。這樣一年下來，小劉發現效果頗佳。

由於在銀行工作的緣故，小劉有機會接觸和了解比別人更多的理財知識和產品。他發現單靠儲蓄理財收益較低，難以有效達到「錢生錢」的目的。於是他把自己的資產重新配置一番。

他把 50% 的錢用來做定期存款，這樣可以保證一半資產處於安全狀態；剩下的錢分散在保險、股票、幣值理財產品、外匯理財產品上。高風險投資和低風險理財相搭配，這樣做的目的是，一方面可以獲得相對較高的收益，另一方面也可以增強自己抵抗風險的能力。比如，一旦股票行情不好，小劉還可以從其他的理財方式中獲利，而不會毫無退路。

小劉也很看重房地產投資的價值。某一年，他把自己手中的股票全部拋出，以頭期款 10 萬元人民幣買了一棟 36 坪的房子，而他每月的月薪是 1,500 元人民幣。同時他把自己在市區的 3 房式套房租出了 2 間，每月可以收到 2,000 元人

民幣的租金，這樣「以租養貸」之後，他還能有盈餘。

消費刷信用卡是小劉的一大習慣，他的錢包裡有兩張設定了不同還款日期的信用卡。他說，用信用卡消費，利用銀行的免息優惠期還款，一方面大大緩解了現金消費壓力，另一方面還可以增加自己在銀行的信用。何樂而不為呢？

談到未來的理財計畫，小劉表示，兩年後想買輛車，但買車一定要付現，不貸款。因為車貸的利率很高，而且車的價格在不斷下降，當然，小劉也完全相信自己有這個實力。

一個上班族投資基金的故事

> 現代人要學會投資理財。不要讓你的錢在家裡閒著，要
> 學會讓你的錢生錢。

李強是一個鄉下出身、在北京工作多年的上班族，以前並沒有那種滾雪球式的理財觀念，只會以儲蓄的方式把錢存入銀行。

那是西元 2003 年的一天，在下班的路上，無意間，李強被一位推銷保險的年輕人塞了一疊厚厚的資料，還說星期天會在保險公司二樓辦保險銷售會。李強抱著好奇的心態，按時到會。在會上有一個經理說：「現代人要學會投資理財。不要讓你的錢在家裡閒著，要學會讓你的錢生錢。比如買保

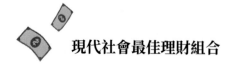

險，投資股票、債券、基金等。」這一次保險推薦會對李強有很大的啟發，決定學習投資理財。然而，究竟該怎麼理，李強還不清楚，但他明白：一切要從頭開始。

從此以後，李強只要一有時間就會書店買一些投資理財的書看。中國國內的政策逐漸寬鬆，有不少賺錢之道，但對於李強而言，有些道是心有餘而力不足，何況他只有國中畢業。經過自己反覆思考，最後李強決定投資基金。他為什麼決定投資基金呢？

在李強看來：

首先，他們有一支專業化的管理隊伍，其中不乏碩士、博士，這些人都是理財方面的行家高手。他們不會冒險使投資者賺不到錢，而砸了自己的招牌。他們會運用自己的專業頭腦設計出合理的投資組合，以求得收益和風險的最佳平衡。

其次，他們把大家的錢集中在一起，有著雄厚的資金，從而可以進行多方投資。即使有的投資虧了，但是「東方不亮，西方亮」，還是會有盈利的投資。這樣做，總體的風險就小多了，最後總能使投資者受益。

李強意識到以上這兩點就足以使他望塵莫及，更何況基金公司在投資時還有不少其他優勢。他要做的是要選擇好基金公司，把錢交給他們去經營，到時等著收穫。

當然，投資基金並不是憑感覺和衝動，而是要透過認真

學習和了解各國政策導向、經濟發展趨勢等。在準備買基金時，要從多家基金公司進行對比，擇優而行。

基金的種類很多，有風險大的，也有風險小的。李強比較喜歡風險適當平衡的，例如股票型基金、保險基金等。李強考慮到風險，他並不把雞蛋放在一個籃子裡，他選擇了兩個基金進行投資，他說：「我投資基金的目標是，在風險得到控制的同時，又能得到較高的收入。」

一年多過去了。事實證明，李強的投資選擇是正確的。這期間，李強投資的基金分別為他帶來了 15% 和 22% 的報酬。嘗到了甜頭，李強對基金投資更有信心了。他還鼓勵親戚、朋友、同事，要學會投資理財，不要讓錢閒著。

存款 5 萬的穩健理財方案

你有 50,000 元的存款，想投資理財，但你又不知從何處下手。理財專家為你指出「存款五萬的穩健理財方案」。

福州的傅女士一家每月薪水收入 3,000 元人民幣，有自住房及出租房各一套，租金月收入 500 元，租金穩定，按年收取。手中還有 50,000 元存款，女兒今年 10 歲，一家人都沒買商業保險，夫婦兩人有醫療保險和社會保險。她希望透過穩健的理財方式提高生活水準。

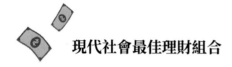

現代社會最佳理財組合

　　傅女士一家平均月收入 3,500 元人民幣，屬於中等偏低收入家庭。理財專家認為，對傅女士這樣的家庭來說，在維持正常的日常支出的同時，還需要進行理財投資，使存款增值，以便女兒日後就學深造及夫婦兩人養老之用。

　　具體來說，由於收入不高，他們的投資需要相對穩健的策略。對於 50,000 元的存款，傅女士可以拿出 40,000 元投資於三年期的公債，收益穩定，年利率可達 3.5%。另外 10,000 元則投資股票型基金，雖然有一定風險，但預期年利率可達 5% 以上，甚至更多 —— 如此一來，既可以獲得不低的保底收益，也有機會獲得高報酬。

　　同時，房租收入相對穩定，而傅女士夫婦兩人已有醫療保險和社會保險，但一家人都沒有買商業保險，因此可以用房屋租金購買商業保險。自己和丈夫則購買 20 年期定期壽險，附加 10 萬重大疾病和 10 萬意外保障險，年交保費約為 650 元人民幣左右；為女兒購買 20 年期 20,000 的兩全保險，年交保費 1,000 元以內。3 人年交保費合計 2,300 元，占不到收入的 10%，不會影響到家庭日常生活開銷。保費採用一年一繳的方式，不必動用薪水收入及現有 50,000 元現金資產。

　　每月的薪水收入拿出 2,000 元用於日常生活開銷，結餘 1,000 元，加上每年剩餘的租金 3,700 元人民幣，用於購買貨幣市場基金，充分利用其定期活期兩便的優勢，預期年利率可達 2.2% 至 2.8%。

愛上公債

張先生在一家頗有名氣的外資軟體企業做財務工作，是
為數不多的公債個人投資者。在一家幽靜的茶館裡，他
慢慢講述了自己投資公債的故事。

「買房付了頭期款之後，我手頭上也就只有 4、5 萬，你
知道我是做財務的，放到銀行總覺得有點虧，又沒那麼多精
力炒股，這才慢慢想到做公債，前年才開始。但做著做著，
慢慢就喜歡上了，還真有點欲罷不能。最重要的一點是，比
較省事，風險小，不用太擔心損失。」張先生說。

張先生是為數不多透過證券公司買賣公債的投資者。他
覺得公債價格的可預知性比股票好得多。「影響公債價格的
主要是利率，幾乎沒有變動，就算有變動，也是調低。如果
央行回購，因為它是一項貨幣政策，只要加以注意，就能迅
速捕捉到風向。而股票的變動涉及到的因素太複雜。既有宏
觀又有微觀，未知性太強。」

如何發現機會

張先生對目前能購買的 18 支公債做了一次分類。對於離
到期日還有 10 年以上的 2 支，分別還有 18 年、14 年到期，
目前價格都不低，所以不持有。這種債券只有在利率升高到

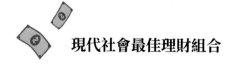

一定的程度時才能購買,那個時候預期利率降低,獲利機會也就來了。

對於中期債券,影響價格因素很多,但只要掌握一個基本原則,基本上就能找到投資機會。那就是:利率相同的,期限越短越好,期限相同的,利率越高越有投資價值。拿到期時間 5 年和 9 年的 2 支公債來說。公債一收益率 2.67%,公債二收益率 2.65%,後者比前者更晚到期,利率卻還更低,很顯然前者的投資更有保障。

至於距離到期日不到一年的公債,其收益比較固定,短期內也不可能在價格上有太大波動,不會去關注,但對那些資金流動性要求高的投資者卻未必不是一個好的選擇。

另一個重要的機會就是新債發行,頗類似於以前股市中的「新股不敗」,雖然不清楚確切原因,但還是蘊藏機會。少數公債發行首日會跌破面值,購買也許會有獲利機會。

進行組合投資

張先生希望收入有較高的穩定性,所以投資手法未必適合所有的人。但是資金容許的前提下,組合投資的確能保證獲利的穩定性。各個期限債券之間大致上有一定的此消彼長的關係。張先生曾經將資金分為三等份,分別投資於期限為 1 年、2 年、3 年,3 種不同類別的債券,這樣每年都有 1/3 到期,獲利相當穩定。操作手段比較穩定的投資者,不妨試

試這個方法；另外一種方法其實也值得一試，那就是為了保有資金流動性而投資於短期公債。

保持平穩的心情

想依靠某種方式一夜致富，這種可能性只會越來越小，在一個日趨成熟的投資市場裡尤其如此。張先生坦言，自己對待投資的態度是，並沒有傾盡全力去投資公債。「我有自己的工作，收入也還可以，養家餬口絕對沒有問題。所以，能賺一點固然是好事，賠一點也不會太緊張。」

儘管公債投資風險較小，但也絕非輕而易舉就可以獲益。只要平時多關注政策走向、尤其是物價變動和利率變動，多思考，總結每支債券變動的規律，要掌握公債的投資技巧並不難。

小 L 的幸福期貨人生

小 L 今年 26 歲，別看他年齡不大，在期貨市場卻已打滾了近 4 年時間。期貨的風險比股市更大，這讓許多人談「期」色變，但小 L 在承受風險的同時，卻享受著期貨為自己帶來的幸福生活。用他的話來說，「當你真正了解期貨之後，會發現它其實滿可愛的！」

小 L，西元 2001 年畢業於西南財大，雖然在國營企業做

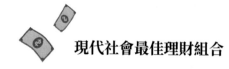

過一個月的出納，但面對少得可憐的薪水，他一咬牙，辭職不做了，帶著父母給的幾萬元人民幣，踏入了期貨市場，成了一名職業投資客。

「先用少量的資金探路，這是我一開始的操作手法。」小 L 說，「雖然本金虧了不少，但總算還是保住了大部分的『青山』」。皇天不負苦心人，小 L 在逐步摸到了期貨市場的規律之後，隔年就開始動手了。同年 9 月，小 L 拿著手中還剩下的人民幣 10,000 多元的資金（當時已經虧掉了超過一半），全額投注在大豆上，「那時的價格是每噸 2,200 多元，」小 L 回憶道，「雖然後來大豆大幅上漲，但現在回想起來全額下注還是有點害怕。」不知是判斷準確還是運氣，在買進後，小 L 手中的大豆就開始瘋漲，他趁機不斷投入資金，到 2003 年 1 月，價格最高超過每噸 2,600 元人民幣時，小 L 的帳面總額已超過了 20 萬元人民幣。

正在他慶幸的時候，一個利空消息讓大豆期貨出現跌停，小 L 回憶道：「第一天跌停板出現的時候，我根本就沒有賣出的機會，心裡其實滿怕的，要是連續跌停，可能就血本無歸了！」不過，他反應還算快，在第二天大跌時成功賣出，但 20 萬元人民幣的帳面財富迅速變成了 4 萬元。

從 20 萬元變成 4 萬元，這僅僅花了 2 天的時間。

再出手，2 萬變 20 萬

大豆的「風雲色變」著實給小 L 上了「風險」這一課，之後他的操作就謹慎多了，幾乎再也沒有押上所有資本的殺進殺出。

一晃眼，大半年過去了，小 L 都是小買小賣，資金變化不大。不過，耐不住寂寞的小 L 在 2003 年 9 月又出手了，這次沒有押上所有資本，只是用了 20,000 元人民幣殺進了銅期貨，那時每噸 18,000 元人民幣，之後銅期貨就邁入了真正的「牛市」，小 L 在 2004 年 1 月春節前，以每噸 24,000 元人民幣順利拋售，帳面現金已經由兩萬元增加到了 20 萬元。不過，小 L 還是很後悔：「要是當時撐到春節後，我肯定會超過 100 萬！」

不過，小 L 還是很知足：「其實能夠贏得利潤已經非常不容易了，能夠由幾萬元變成 20 萬元，這已經足夠了！」

參股酒吧

2004 年的投資成功，使小 L 在短短的時間內將手中的資金增加至 6 倍以上，不過，才 20 多歲的小 L 挺會想的：「期貨市場的風險太大了，常在河邊走，哪有不溼腳的！」小 L 將期貨市場中的資金抽出幾萬元人民幣，和朋友一起開了一家酒吧：「白天炒期貨，晚上經營，日子過得滿惬意的！」

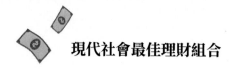

現在的小 L 晚上總會在自己經營的酒吧裡招待各方朋友，一杯酒、一首爵士樂，總能使小 L 感覺到全身放鬆。

電子書購買

國家圖書館出版品預行編目資料

創業缺錢又何妨，沒有手段才是真絕望：白手
起家 69 招，從致富故事學道理，誰說窮人沒資
格賺大錢！ / 喬友乾著 . -- 第一版 . -- 臺北市：
財經錢線文化事業有限公司 , 2022.12
　　面；　　公分
POD 版
ISBN 978-957-680-541-7(平裝)
1.CST: 創業 2.CST: 成功法
　494.1　　　111017658

創業缺錢又何妨，沒有手段才是真絕望：白手起家 69 招，從致富故事學道理，誰說窮人沒資格賺大錢！

臉書

作　　　者：喬友乾
發 行 人：黃振庭
出 版 者：財經錢線文化事業有限公司
發 行 者：財經錢線文化事業有限公司
E - m a i l：sonbookservice@gmail.com
粉 絲 頁：https://www.facebook.com/sonbookss/
網　　　址：https://sonbook.net/
地　　　址：台北市中正區重慶南路一段六十一號八樓 815 室
Rm. 815, 8F., No.61, Sec. 1, Chongqing S. Rd., Zhongzheng Dist., Taipei City 100, Taiwan
電　　　話：(02) 2370-3310　　傳　　　真：(02) 2388-1990
印　　　刷：京峯彩色印刷有限公司（京峰數位）
律師顧問：廣華律師事務所 張珮琦律師

定　　　價：260 元
發行日期：2022 年 12 月第一版
◎本書以 POD 印製